JN042130

自衛隊式セルフコントロール

絶体絶命の場面でも
「最善手」を打てる極意

二見龍
FUTAMI RYU

講談社ビーシー／講談社

はじめに

なぜ自衛隊は危機に強いのか

自衛隊に入隊すると、今までの生活とは全く異なる、時間を厳守する集団生活が始まり、まずは自衛隊の「躾（しつけ）」事項が徹底的に叩き込まれます。それは、新隊員教育（6カ月間）の場合も、また将来の幹部を育成する防衛大学校（学生の4年間）の場合も同じです。

この間、規則正しい生活とバランスの良い食事、厳しい運動によって、今まで身体に付いていたぜい肉を削ぎ落とし、戦闘行動に耐えられる筋肉を持つ身体へと鍛え上げられていきます。

同時に自衛隊で「躾」事項を叩き込まれる日々を通して、新人たちは生活のリズムとスピードを劇的に変化させ、集団生活、さらには集団行動を行える基礎を作り上げるのです。

自衛隊勤務に必要な人材を作り上げることは、今まで使用していたパソコンのOS（考え方、意識）とハード（身体）の両方を取り替えてしまうというほどの大きな変化といっても過言ではありません。

まず、丈夫な身体を作り上げることは、パソコン本体のCPU、メモリ、ハードディスクなどの『ハードウェア』を新型に切り替えることと同じ変化があります。

さらに「躾」事項、集団行動を徹底的に身に付けることによって、いざという時に正しい判断と行動ができるように頭の中を切り替えます。これは、パソコンを動かすための基本となるソフトウェア（OS）を今までの『旧OS』から『自衛官用の新しいOS』へ変えることを意味します。加えて、集団生活、各種教育訓練を通じて、基本アプリからより専門性の高いアプリまで多様な能力をインストールしていきます。

『自衛官用の新しいOS』は、部隊での訓練を積み上げていくうちにバージョンアップを繰り返していきます。これが、自衛隊・自衛隊員が危機に対応できる基礎となるわけです。

本書は、自衛隊で鍛え上げてきたセルフコントロールの方法を身に付けるため、ハードウェアとOSをいかにして自衛官用へ切り替えるのか、その方法をわかりやすく皆様にお伝えするために作成しました。

普段の生活や仕事ぶりを見直したい、改善したいという方々の参考となればと思います。

自衛隊では、日々の厳しい訓練を通じて、恐怖や危険への対処、また安全確保の仕方を徹底的に学びます。そのエッセンスは、日常生活やビジネスの現場で、厳しい場面に向き合う時に、あなたの力となってくれるでしょう。

また、一般にはあまり注目されることはありませんが、自衛隊の司令部では、多くの幕僚勤務スタッフが、大規模で複雑な部隊運用を行うために、日々難しい課題に取り組んでいます。ここでの仕事の基本は、一般の会社組織と大きく違いません。発想力、企画力、調整力、そして情熱が組織を動かしています。本書では、司令部での仕事ぶりから一般のビジネスシーンに通じるエッセンスも紹介します。「なんだか仕事で行き詰まっている」、「壁を突破したいけどやり方がわからない」などと思っている方々のきっかけになれば幸いです。

本書が、皆様の日常生活やビジネス、安全確保の改善のきっかけとなり、人生の一助となりますように。

二見 龍

目次

Chapter 1
自衛隊生活が始まる時から徹底されること 躾編

Chapter 2

回復・解除編 セルフコントロール

目次

Chapter 3

セルフコントロール 強化編

Chapter 4

セルフコントロール 予防編

目次

Chapter 5

敵を知る

Chapter

6

日常生活における習慣化

Chapter 7

ビジネスに役立つ自己コントロール

Chapter 1

自衛隊生活が始まる時から徹底されること

躾（しつけ）編

Method

01

バディーで確認する

――見落としをなくし、信頼を深める作業

自衛隊に入隊すると2人1組のバディーを組みます。これは名簿の順番などで指定されます。バディーとなった2人は、常に行動をともにし、お互いに助け合いながら、チームとしての最小単位の行動要領を学びます。この過程で、互いの信頼関係を築き、仲間への配慮を身に着けていくのです。

バディー同士どちらかが早く終わってしまっても、相手が終わるまで助け合い、目の前に現れる試練を2人で力を合わせて乗り越えていくことを学びます。

バディーで力を合わせる基本は、バディー同士の点検です。例えば、戦闘訓練前の装備点検などがそれにあたります。自分1人では見落としてしまう可能性があり、やったつもりになってしまうからです。バディー同士による点検（他人の目）を行うことによって、見落としがな

くなるのです。

具体的には「銃の点検」、「リュックサック（背嚢）の入れ組み品（入れるもの）」、「水筒の水が満タンかどうか」、「弾倉の数」、「防護マスク」、「靴紐が確実に結ばれているか」、「手袋、ハンカチ、ティッシュ」などです。**さらにバディーの健康状態や精神状態も確認し合います。**

日常生活では、会社の仲間、夫婦間で同じように点検をするといいでしょう。

1人で点検をするのではなく、ペアを組んで点検をすると漏れがなくなります。特に、安全確保が重要となる時は非常に役立ちます。

自衛隊に入隊すると、今までの生活とはがらりと変わる集団生活のなかで、初めてのことを経験しながら1人でできる範囲を広げていき、仲間を気遣い、お互い協力して助け合うことを身に付けていきます。その基本となる単位がバディーであり、信頼関係の構築について実践していきます。

会社の仲間とプレゼンテーションへ出発する時の確認

- □ 乗車券（出張時）
- □ 緊急事態が起こった場合の仲間、相手方への連絡方法
- □ パソコン
- □ プレゼンのためのデータ、配布資料、名刺
- □ 服装の乱れ、眼鏡、靴

□ ペアの健康状態、精神状態、疲労状態
□ お客様の近況とオフレコの内容、確認事項、決定して帰社したい内容
□ プレゼンの進行方法

出勤前の確認

□ 定期、財布
□ スマートフォン
□ 腕時計
□ 服装の乱れ
□ 身分証（社員証や免許証）
□ 弁当
□ 水筒（ペットボトルなど）
□ 帰宅時間（夕食は必要なのかどうか）

Method

02

5分前の精神

――精神的な余裕が生まれ、段取り上手に

自衛官は、決められた時間通りに行動することを徹底して叩き込まれます。例えば、戦闘訓練時、「航空機が上空を通過する時間は、10時10分20秒」という具合に秒単位で合わせます。大砲による砲撃開始が、09時12分00秒であれば、砲弾がその時間ぴったりに弾着するほど正確です。作戦行動においては、時間厳守が当たり前だからです。**時間を守れない行動は、命にかかわることがあるため厳しく指導されます。**

「忙しくて遅れました」、「頑張りましたが間に合いませんでした」は許されません。戦闘の現場では、それはそのまま生命の危機につながります。**5分前の精神では、まず、時間に遅れることがあってはならないことを教えられます。**

次に、5分前に準備が完了するように時間を逆算して準備を進め、すべての準備を予定時刻

の5分前に終了していつでも対応できるように訓練します。

完了する時間を設定し、準備にかかる時間を考慮して確実に準備を進めることができるようになると一人前となります。時間感覚が身体に沁み込み、能力が向上してくると動き出しの時間を少なくすることができるようになります。強い部隊であればあるほど、動き出しの時間が短くなります。

5分前にすべてを完了できるようになると、次に何をすればいいかという先のことも考えられるようになります。このように普段から5分前の精神によって段取り、事前準備をしっかりと行うことができるようになると、精神的な余裕もできます。

Method

03

行動が変わる時（結節時）のチェック

──物をなくさない、すぐに見つけられる習慣

登山は、「歩く→休む→歩く」を繰り返し、適宜の休憩をしながら山を登っていきます。このように行動が変化する時を自衛隊では「結節」といいます。自衛隊では、**行動が変化する結節時のチェックが重要だと教え込まれます**。頭でわかるだけでなく、身体が自然に動くようになるまで繰り返し行うのです。実際の作戦行動において、当たり前のようにできなければ使い物にならないからです。

具体的には「駐屯地を出発し演習場へ向かう時」、「演習場到着時」、「戦闘開始前」、「戦闘開始後」、「演習場を出て駐屯地へ帰る前」、「駐屯地到着後」などに、**自分の装備をひとつひとつ手で触って確認します**。

もし、何かを紛失していたとしても、「演習場到着時」にはあったが、「戦闘開始前」にはな

かった……というふうに確認できるため、捜索の範囲を絞り込め、早期に見つけることが可能になります。

もしこのチェックをしていなければ、訓練が終了して駐屯地到着後に「装備品がない」とわかった場合、全行程をくまなく探さなければならなくなります。

これは日常の生活でもすぐに応用できます。「退社する時」、「会食場所に到着した時」、「会食場所を出る時」、「2次会の場所を出る時」という具合に、その都度、財布や身分証、バッグ、スマートフォンなど持ち物のチェックをする癖をつけると物をなくさないようになり、なくしたとしても捜索が素早くできるようになります。

行動に落ち度がなく、用心深くなり、同時に心の安定が図れます。

Method

04

姿勢の維持

――呼吸を整え、心と身体をリセットする

自衛隊では、**上着とズボンとベルトのバックルの線を合わせます。**訓練で動き回れば着こなしが崩れてしまいますが、訓練の合間を利用して短時間で身なりを整えます。このような行動を習慣化していくと、忙しい生活の中でも、身だしなみが乱れません。例えばトイレに行った時を利用して、髪の毛の乱れやネクタイのゆるみがないか、さっと確認できるようになります。

さらに、柔らかくにこやかな顔ができるかなど表情にも意識を向けます。これだけでゆるんだ心を引き締め、細かいところに気づくようになり、気分を一新することができます。

次は姿勢について。自衛官は、現役・OB・OGを問わず、好ましい立ち姿をしています。どのようにするのか、基本を紹介しましょう。

まず胸を上に引き上げ両肩を少し後ろに引き、お腹を凹ませます。顎頭を引き、頭を左右に

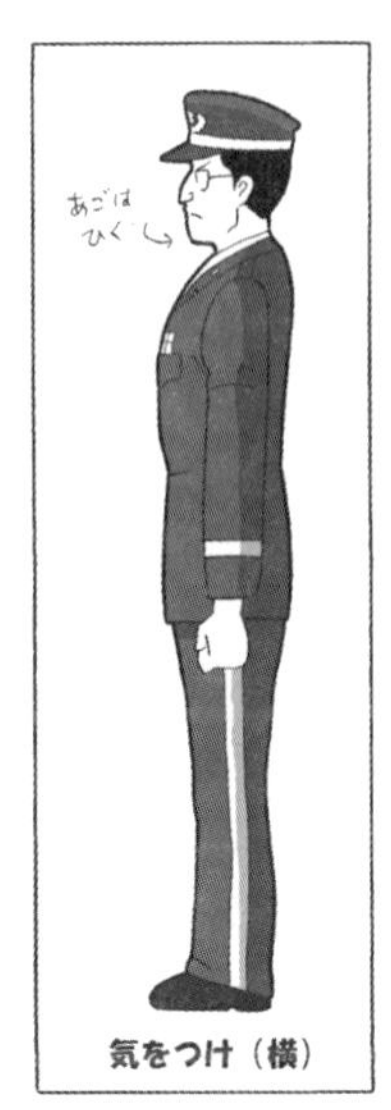

気をつけ（横）

自衛隊式の休めは、不動の姿勢から左足を25cmほど開き、手を後ろで組む。
手の位置は、ベルトの少し下あたりへ置く

倒さずまっすぐにして姿勢を正します。正しい姿勢は効率の良い呼吸ができるため、身なりだけではなく、気持ちも整えることができるようになります。

自衛官はどんな時でも「気をつけ」という号令を聞くと姿勢を正します。胸を張り、腹に力を込め、拳を握って腕を体側に沿わせ、かかとを合わせて爪先を45度に開く姿勢（気をつけの姿勢、不動の姿勢）になります。これは、基本中の基本の動作です。

この姿勢を取ることで、内臓

を正しい位置に戻し、呼吸を整えて心と身体の状態をリセットし、精神に一定の緊張感をもたらすことができます。なお「気をつけ」で拳を握るのは、自衛官ならではのスタイルといえます。

Method 05

面倒くさいと手を抜くと倍の手戻り作業が発生する

――後ろ向きの作業ほど不毛なことはない

作業や訓練を行う時、自分の能力以上のことをやろうとすると、その行動はケガや事故に結びつきます。また、関係者に事前に通知をしていなかったり、打ち合わせが不十分なまま強引に推し進めてしまったりすると、認識の違いや齟齬が生じ、トラブルになりがちです。こうした事故や問題対応のために、後ろ向きの作業「手戻り」が発生してしまいます。

これは自衛隊の任務に限らず、日常生活や会社の業務でも同じこと。私たちは、切羽詰まったり、面倒に感じたりすると、つい手順を守らず勢いにまかせた行動をしがちですが、そうした手抜きによって**問題が発生した場合の対応（手戻り）に必要な作業量は、省略できた作業量の何倍にもなって跳ね返ってきます**。ちょっとした手間や確認作業を惜しまなければ、手戻りを防止できます。そもそも、手戻りを発生させないための作業量はたいしたものではありません。面倒に感じても手を抜くべきではありません。

後ろ向きの大きな作業量が増えてしまうと、本来行うべきことを圧迫するため、さらに重ねて安易な行動（手戻りを考えない行動）を選択してしまう可能性があります。手戻りが発生しない業務のやり方こそ、結果として業務量を減少させることができ、心の安定を保つことができます。

陸上自衛隊では、小銃などの武器は、準備段階から綿密な点検と作動確認を行います。使用後にも細部にわたる清掃と破損の確認を行います。それらのどれひとつとして手順を抜いたり、おろそかにしたりすることはできません。万が一、何かひとつでも見過ごしてしまえば、それが作戦行動を左右してしまう要因となり、自分や仲間の命にかかわってしまう恐れがあるからです。

日常生活で、生死にかかわるほどのことは少ないですが、習慣化できているにこしたことはありません。

洗濯を終えたと思ったら、洗濯槽や衣類に多量のティッシュ屑がついていてがっくり……という経験はどなたにも一度くらいはあるでしょう。洗濯したつもりなのに、手間のかかる掃除が発生するというのは、精神的にも、時間的にもダメージの大きい「手戻り」作業となります。ポケット内の確認など、ごく短時間でできること。気をつけたいものです。

手戻り作業の防止ポイント

- □ 急いでいても、疲労困ぱい状態でもマニュアルに記載してある手順を省略してはならない
- □ 手順の省略によるプラス面と、省略のために発生する失敗や事故の対処というマイナス面のどちらを選択することが適切なのか、行動を選択する前に意識しておく

Method

06

自己完結能力――自律できる個となる

――基本の積み重ねが「真」の実力を作る

自衛隊が災害派遣などで活躍できる要因のひとつに自己完結能力の高さがあります。それは、自衛隊の活動は、常日頃から、何もない原野に発電機、天幕、炊飯車両、水トレーラー、燃料補給車、物資供給設備・機材の整備工場を設定し、拠点を作り上げて戦闘訓練を行っているからなのです。どのような場所であろうとも、戦うための態勢を作り上げることのできる組織であるため、ライフラインが寸断され、大きな被害が発生している災害派遣の現場であっても、何ら問題なく活動できます。

消耗品の補給や使用機材の整備だけでなく、道路工事から食事の提供、さらには入浴や排泄物の処理まで、ほぼすべての活動を自衛隊だけで賄うことができるからです。自己完結が基本であり、それが組織単位で発揮されることで、どんな状況にも対応できる柔軟な組織として機

陸上自衛隊に入隊すると、まず約6カ月間の新隊員教育（自衛官候補生教育）を受ける。それまでの自由な生活とはうってかわって規律正しく過ごし、長距離の行進訓練や戦闘の基本訓練などを通じて、体力アップがはかられる

能します。

こうした自己完結能力は装備さえあれば可能だと思われがちですが、そうではありません。使いこなせる能力があってこそ、その真価が発揮できるのです。自衛隊では、その根本となる基礎を入隊直後から叩き込まれます。まず、身のまわりのことはすべて自分で行えるよう、徹底的に指導されます。

掃除、洗濯、アイロンがけ、靴磨き、ベットメイキング、裁縫……といった身のまわりのことができることは、集団で行動する時の基本的事項となるからです。

そして集団生活を送る上で決められた規則を守り、組織の一員として行動できるようにならなければなりません。組織で行動する場合、まず、個人が自己完結できなければならないからです。

自分で自分のことを何でもできるようになりながら、自律することを学んでいきます。

Method

07 皆と同じことをすることの重要性

──助け合い、チームワークを学ぶ

自衛隊入隊後の教育では、日常生活から訓練に至るまで様々なことが細部まで示され、**全員が同じことができることを求められます。**

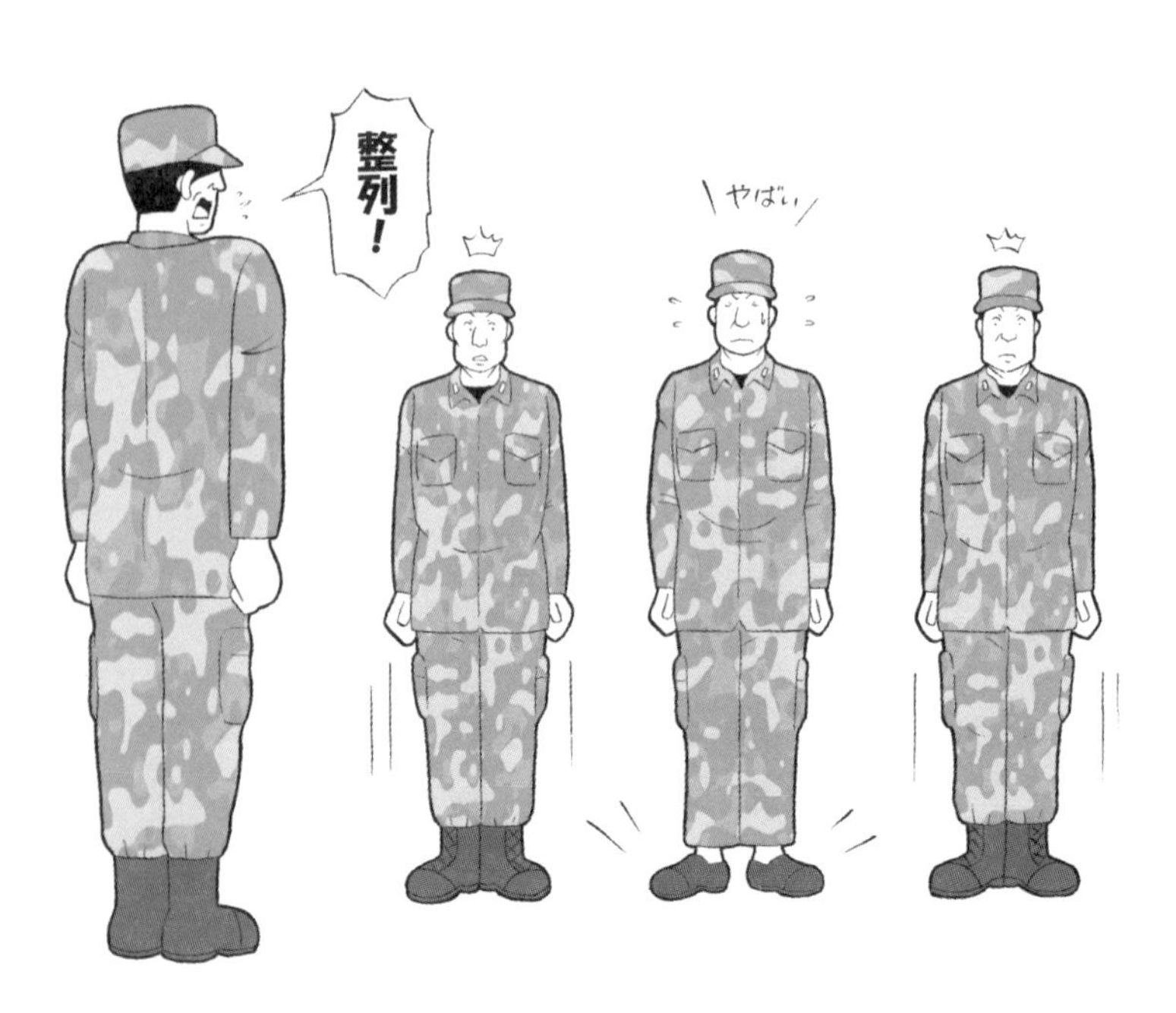

ロッカーの中の下着、服の畳み方や並べる順番、靴の置き方、靴紐の通し方、ベッドの上の毛布の畳み方まで全員が同じ仕様で同じレベルのクオリティになるように毎日教育されます。ルールに基づき個人及び全員が示された時間内にやり切ることが求められます。

戦場では、自分のことは自分でできなければなりません。そして、全員が完了するということを通じて、できない隊員をみんなで助け合いながらチームワークを学びます。

このような集団生活をしていると、**仲間の異変に早く気づけるよう**

になります。普段きちんとできている仲間の毛布の畳み方が雑であったり、靴の磨き具合がいつものようにできていなかったりなど、ほんのちょっとした変化に気づくようになります。このような微妙な変化は、体調不良や精神的に悩んでいる兆候となります。兆候をいち早く察知することにより、早い段階で仲間を助けることができるようになります。また、自分も助けてもらえるようになるのです。

Method

08

訓練はイメージの動きと同じ動きができるまで行う

――「その時」に生かせるかどうかは練度が左右する

頭の中で、「このイメージで動けば上手くいくな」とまとまると、もう自分ではできたように感じてしまいます。そのため、多くの人は頭の中でできるイメージが描けたら、次に進もう

としてしまいがちです。しかし、実際は頭の中のイメージでできただけであって、**本当にできたわけではありません**。イメージと現実には乖離があることを認識する必要があります。

まず、「訓練は何のために行うのか」ということを理解することが重要となります。

訓練は、イメージしたことが現実にできるかどうか確認すること、できなければできるようにするために行うものだからです。実際にやってみると身体が上手く動かない、仲間の理解が不足していて連携ができない、思ったよりも時間がかかってしまうなど、実動することによって、多くの気づきが出てきます。修正を加えてできるようにするためには、さらに訓練が必要となります。難しい状況を想定し、現実にできるかどうかを本気で追求すればするほど、その効果が上がります。避難訓練や防災訓練も同様です。「その時」に生かせるよう練度を高めておきましょう。

Method 09

手順無視がケガや事故を生む

――急いでいる時、疲れている時ほど要注意

ケガや事故は、定められた手順や規則を守らなかったり、能力以上のことを無理に行ったりすることによって発生します。

自衛隊には、SOP（Standard Operating Procedure＝標準作業手順書）があります。一般

のマニュアルと同じ位置づけのものです。急いでいる状況で、疲労などを理由にSOPに定められている手順や規則を守らないと事故が発生します。これが弾薬類に関することであれば、爆発、暴発の危険を伴います。つまり自衛隊でSOPを守らない行動というのは、命にかかわる危険な行動となるわけです。

今までの訓練で一度もできていないことを行ったり、これまでの経験則にないことを無理に（安易に）行ったりした場合、高い確率で訓練事故が発生します。なぜならば、**その行動を行うために必要な体力、知識、経験が不足しているからです。**

また、ベテラン隊員の場合でも、「長年経験してきたから大丈夫」と慢心した時に、事故が起こります。危険な行動を回避するためには、いついかなる場合でも定められた手順を守り、自分の能力以上のことを行わず、油断しないことが重要となります。

簡単な防止策は、危険な行動をする前に必ず一声かけることです。

職場の仲間や家族間などでも「クルマ通ります！」「歩行者（子ども）渡ります！」など、普段から声かけができていると安心です。

Method 10

セルフコントロールの基礎作り

――すべては「躾」から学べる

自衛隊はなぜ危機に強いのか。本章を通して、その強さの源泉がどこにあるのかおわかりいただけたでしょうか。すべては、**入隊直後の自衛隊生活で徹底される「躾」が基礎にあり、それによってセルフコントロールの力が磨き上げられているのです。**

もう一度おさらいしておきましょう。

①『バディーで確認』することによって、仲間を気遣い、お互いに助け合うことにより、仲間と信頼関係を構築することができるようになります。

②『5分前の精神』が身に付くことによって、精神的な余裕が持てるようになり、次に何をすればいいかという先のことが考えられるようになります。

③『行動が変わる時のチェック』、『姿勢の維持』を習慣化することにより、心と身体の安定を維持できるようになります。

④『手戻りのない作業』ができるようになり、使える時間が増え、心に余裕ができます。

⑤『自律できる個となる』ため、経験を重ね、1人でできる範囲を広げていくことにより「自己完結能力」が身に付きます。

⑥『皆と同じことをすることの重要性』を理解することによって、チームワークを発揮し、力を合わせて課題を乗り越える、チャレンジ精神が身に付きます。

⑦『できないことをできるようにすることが訓練』であることを理解することによって、本物の実力が付き、精神的にも強くなっていきます。

⑧『ケガや事故の防止を理解する』ことによって、自分の実力を把握し、無理な行動を選択しなくなります。

日々のこうした積み重ねにより、厳しい状況でも正しく判断でき、やり抜く強い心を持ったための基礎が作られていくのです。

Chapter 2

セルフコントロール

回復・解除編

Method 01

パニックを防止して心をコントロールする

──大きな声や緊張が判断をミスリードする

怖くなったり、パニックになったりすると「ワー」という大きな声を出したり、怖さを紛らわすため、何かを話したりしないと心がもたない状態になる人がいます。こういう状態の時は、心の中も荒れた海のようになっているため、周りが見えなくなってしまっています。

危険を察知するには、心の中を静かで波ひとつない湖面のようにする必要があります。まず落ち着きを取り戻すことに集中しましょう。心が落ち着いたら、周りを確認し、一番危険なものだと感じるものから対処します。

大きな声を出して、パニックを起こしてしまうと、リーダーの判断を狂わせ、自分はもちろん、仲間も危険な状態に陥らせることになりかねません。

さらに、なんでもない人までもつられて心を乱してしまう可能性があります。まず、落ち着くことから始めて下さい。

「落ち着け！　落ち着け！」、「考えろ!!　考えろ!!」と思考を切り替えることが必要です。

Method

02

頭の中が真っ白になった時の回復方法

──もっとも大きな脅威を一番に排除する

仕事で厳しい状況に追い込まれてしまったり、一度に多くのことをやらなくてはならない状態に陥ったりした時、頭の中が真っ白になることがあります。通常ならば、それほど追い詰められてしまっては、もうお手上げでしょう。その状態が収まり、思考が働き始めるまではどうしようもありません。

自衛隊で訓練を行っている時にも、このように頭の中が真っ白になることがあります。しか

し、頭の中が真っ白になり、**フリーズしてしまうということは、戦闘ではそのまま死を意味します。**そのため、このような危険な状態からいち早く回復する方法を身に付けます。

頭の中が真っ白になってしまうのは、脳が処理できる量を超えた情報が入ってきて、パンクしてしまっている状態です。特に、**至近距離で短時間に対応しなければならない事柄が複数発生すると処理能**

力を超えやすくなります。

回復方法としては、目の前の一番危険なものから対処していきます。一番危険なものが排除できれば、時間の余裕が生まれ、情報量を大幅に減少させることができます。次に2番目、3番目というように順番に片づけていくうちに、脳の情報処理能力が整理され、真っ白な状態から元の状態に戻り、思考が徐々に回復していきます。

会社であれば、最初に対処すべき重要なことといえば、社員の安否、会社の威信の失墜、財務状況の急激な悪化などが考えられるでしょう。

また、個別の業務や日常生活のなかで、何かを言われて頭が真っ白になってしまった場合には、一度間合いを切って、深呼吸などし、振り切れてしまった思考の回復を待ち、対応要領について考えられるようになってから、再開すべきでしょう。「検討の上、回答致します」というように、所用を理由に状況を一度切り、再チャレンジする方法が有効です。ここで切り返すことができないと、より深手を負うことになります。

また、**そもそも追い詰められる前に対処することがより重要です。**

爆発寸前の爆弾を渡されても、爆弾からできる限り離れるか、人のいないところへ投げるかぐらいで、やれることは限定されています。どうしようもない状態になってから、報告を受けたり、対処方法を考えなければならなくなったりでは、誰がリーダーであっても緊急避難的な対応しかできません。

時間的な余裕と間合いがなくなればなくなるほど、選択肢もなくなっていくので、時間的に余裕があり、危険と離隔している段階で、未然に防ぐための対策を講じることが重要なのです。戦闘では、頭の中が真っ白になったからどうしようもなかったでは済まされません。事前の予防措置、発生後の対応要領を日頃から身に付けておくことが重要となります。

また、いざという時に備えて、自分だけに効く特定の行動、いわゆる癖（スイッチ）を訓練しておくのも手です。「深呼吸をして落ち着く」というように深呼吸という行動と心理変化を普段から練習してリンクさせておけば、追い詰められた時にも自分で回復のスイッチを入れられるようになります。

Method

03

物事を好転させる「STOP」

――止まる、考える、観察する、計画する

頭が真っ白になる時とは逆に、人は反射的な行動をとってしまうことがあります。それを防ぐためのキーワードがSTOP（ストップ）です。

これは、Stop、Think、Observe、Planの頭文字をとったもので、**反射的に行動を起こすのではなく、一度止まる、考えられる状況を作る（落ち着く）、周囲の状況を観察する、そして後の行動計画を立ててから行動する**、というものです。

これにより二次災害を防ぐことができ、物事を好転させることができます。

Method

04

心の澱(おり)を吐き出す(解除ミーティング)

――自分の無力と向き合い、涙を流す

東日本大震災において、自衛隊は全力で災害派遣を実施しました。津波による大変悲惨な状態を目の当たりにし、活動する隊員は、ＰＴＳＤにかかる可能性がありました。

ＰＴＳＤ（Post-Traumatic Stress Disorder：心的外傷後ストレス障害）は、強烈なショック体験、強い精神的ストレスが、心のダメージとなって、時間が経ってからも、その経験に対して強い恐怖を覚えます。半年後や１年後に発病し、自らの命を絶つこともある厄介な心の病気です。

自衛隊では、災害派遣の間、ＰＴＳＤを防止するため、現場で活動した隊員は一緒に活動したメンバーと5～10人のグループを作り、心の中の澱(おり)を吐き出すミーティングを行います。１

人2〜3分程度、「自分が無力であったこと」、「ご遺体を見つけることができなかったこと」、「辛かったこと・苦しかったこと」など、心に引っかかっているものをすべて、そのグループのメンバーに話します。時には涙を流しながら話すこともありました。

これを『解除ミーティング』といいます。心の中に澱が溜まらないようにするミーティングです。この『解除ミーティング』によって、多くの隊員の心の健全性を確保することができました。心に溜め込むのではなく、吐き出して心に澱を溜めないようにすることが重要です。

もし、自分１人だけの状態で話せる人がいなかったり、周囲に信頼できる人がいなかったりした場合は、家族に電話をしてみるのがいいと思います。あるいは、文字として文章にしてみると、自分の心に刺さっているものを吐き出すことができます。また、筋トレやジョギングを40〜60分程度集中して行うことで、気分をすっきりさせるという方法もあります。
それでも心の引っかかりが取れない場合は、カウンセラーに相談したり、心療内科へ行ったりすることをおすすめします。早ければそれだけ早く元に戻ります。

Method
05
ストレスに支配されない
——蓄積される前の軽いうちに解消する

仕事でなかなか結果が出なかったり、上手くいかなかったりということが続くと、たいていの人は凹みます。

また、何かにつけて指導したがる上司や嫌なタイプの上司と仕事をしなければならない時には、大きなストレスが溜まります。場合によっては、怒りもプラスされるかもしれません。

イラついたり、ムカついたり、上手く物事が進まないことからくるストレスは、1日か、2日では、たいしたことはありませんが、積み重なってくると厄介なものになります。ストレスは、**アメや薬を飲む時に使われるオブラートと捉えるとわかりやすくなります。**

でんぷん質の薄い膜のようなオブラートは、1枚なら口の中でスッと溶けてしまいますが、100枚ともなると溶けないどころか、べっとりとへばり付いてしまい、どうしようもなくなります。1日に受けるストレスは、オブラート1枚分程度のものですが、毎日覆いかぶさり蓄積していくと、口の中で溶けずにべっとりとへばり付いたようになります。このような状態になると、精神に影響を及ぼし始め、病んでいきます。

知らず知らずのうちに蓄積してしまったストレスは厄介です。結果、顔色が悪くなったり、眠れなくなったり、さらには、周りに対して文句を言うようになったり、顔つきまで悪くなったりもします。こうした兆候が出てきたら、自力での改善は難しく、医師の力が必要となってしまいます。

初期の段階で受診をすればうつ症状は完全に治りますが、周囲が励ますつもりで「大丈夫、頑張れ」と無理をさせてしまい、受診のタイミングを逸して、かえって悪化させてしまうことがあります。健康な人は、精神的に落ち込んだ人に対して、「風邪をひいた程度である」という認識で接してしまうため、さらに悪化する方向に追い込んでしまうのです。

精神的に落ち込んだ人は、骨折した人の対応と同じで、医師の治療が必要です。もし、なりそうかなと思ったら、早期に受診をして下さい。

では、オブラートを厚くさせないようにするにはどのようにしたらいいのでしょうか。

毎日オブラートを溶かしてなくしてしまうのが一番の対処法です。毎日、その日分のオブラートを溶かすなら、難しくはありません。簡単な方法は、運動でスッキリすることでしょう。

運動以外には、美味しいものを食べたり、お酒を飲んだり、カラオケに行ったり、ショッピングをしたり、趣味を楽しんだりして発散させてしまう方法があります。オブラート一枚分程度ですから、ちょっとした気分転換で溶けてしまいます。

Method

06

空気に流されない

――行き詰まった時ほど、前向きな声をかける

訓練は、「できない」ことを「できるようにする」ために行うと言いました。そのためにはチャレンジが必要であり、できるようになるまで反復練習を行うという、諦めない心が重要になります。チャレンジしても上手くいかなくなると、**「ここまで努力してもできなかったのだから仕方がない」、「よく頑張ったからいいだろう」、「みんな疲れている」、「もうやめてもいいのではないか」というような雰囲気が伝染し広がっていきます。**

よくないと思っていても、ついつい周りの雰囲気に影響され、やすきに流れてしまいそうに

なります。

自衛隊の訓練では、そんな時、絶妙なタイミングで**「もう一回行ってみよう」**、**「あと少しでできそうだな」という声が教官からかかります。**その一言で我に返ります。

厳しい状態が続く戦闘では、このような諦めの雰囲気に支配されると部隊は非常に危険です。

職場でも似たような場面があるでしょう。

営業チームが日々必死の営

業活動をしていても、なかなか売り上げに結びつかない状態が続くと、当初はやる気があり、元気のよかったメンバーも、苦しくなってきて徐々に下を向き始めます。それを見ている自分自身の心も少しずつダメージを受けていき、「市況が悪いのでこれ以上頑張っても無理。チームメンバーが疲弊するだけだし、今回はここまでにしておこう。そのほうがメンバーも喜ぶだろう」というような考えが生まれます。そして、その方が自分の心もラクになると考え始めてしまうのです。

このような状況に遭遇した時、やすきに流れていく雰囲気を断ち切らなければなりません。そのため、メンバーと自分を奮い立たせる言葉を放つ必要があります。

例えば、「さぁー、行きましょう」（そうだ、ここで弱気になっても物事は好転しない）、「ここまで来たら何とかしましょう」（あと一押し！　頑張ろう、もう少しだ）、「チャチャッとやってしまいましょう」（すぐにできてしまうような表現によって、気持ちがラクになり解き放たれます）というような言葉によって、いい意味で開き直り、もう一度正面を向いて、受け身の状態から前に出る気持ちに切り替えることができます。

さらに笑顔が出れば上手く進んでいくでしょう。

Method

07

その瞬間の覚悟

――やると決めたなら徹頭徹尾やり抜く

「その瞬間の覚悟」について、最後の手段として挑まざるを得ない時は、戦いを始めるか否かの決断を熟慮しなくてはなりません。そして、確実に優位な状況・条件が揃っている場合にのみ行動に移します。その際、やると決めたなら、**徹頭徹尾やり抜かなければなりません。**

同時に自分が行うことに対しては、結果への責任と覚悟を持つことが求められます。何をするにせよ、自分がなぜそれを行おうとするのかを自覚し、**判断に迷いが生じたり行動に疑いが出たり、ましてや後悔したりすることなく、ただひたすら遂行しなければなりません。**

同じエネルギーを使うのであれば、ネガティブな方向ではなくポジティブな方向で使うべきです。物事に立ち向かうため、エンドステート（最終的に実現する状態）を決め、それを実行するための計画と要領を詰めます。その後、最初から最後までをストーリー的に何度も確認して実現の可能性を高めていきます。いざ実行の段階になったら、迷いなくエンドステートを目指し突き進みます。途中状況が変わり、計画を変更しなければならなくなった場合には、エンドステートを達成するための別の計画へ素早く切り替え、目的を達成します。

そのためには、物事の成り行きを偶然にゆだねることなく、自己認識と不屈の意思を持ってその出来事の結果に向き合い、コントロールをしていくことが必要となります。

Method 08

SNSなどの中毒から抜け出す方法

――身体を動かし、物理的に遠ざける

世の中には、フェイスブック、ツイッター、インスタグラムをはじめとする多種多様なSNSが存在し、多くの人がSNSを楽しんでいます。楽しんでいる範疇ではいいのですが、ハマ

りすぎて抜け出せなくなっている人もいます。「いいね」をもらうために頻繁に投稿したり、内容が過激になったりとエスカレートしがちです。また、自分だけ取り残されていないか、誹謗中傷されていたりしないかと、フォロワーの反応が気になり、膨大な時間をSNSに費やしてしまうのです。そこまで深刻ではなくても、SNSをするのが癖になっていて、ちょっとした時間があるとスマホをチェックしてしまう人は多いかもしれません。

SNSにハマってしまうと、自己制御ができなくなります。すぐにやめるのは難しいので、「前向きな内容」、「心に力を与えてもらえるような内容」のSNSへとシフトしていき、見ないようにする方法があります。

物理的にSNSを遠ざけるのも効果的です。

無理に我慢するよりも、少しスマホを横に置いてみようかなという感じの方が、自然にいい時間の使い方へ舵を切ることができるでしょう。

自衛隊に入隊すると訓練期間から、スマホに触れる時間が極端に少なくなります。勤務場所によっては持ち込みすら制限されます。もちろん仕事に関するSNSは禁止。機種も限定されるケースもあります。

きょうか
強化編

Chapter 3

セルフコントロール

Method

01

呼吸による状態のコントロール

——「身体を覚醒させる呼吸」と「精神を安定させる呼吸」

呼吸法については、専門に書かれている書籍が多くありますので、ここでは私が心がけている呼吸法に関するポイントを紹介します。

まず呼吸法を日常生活で役立てるためには、普段から呼吸に意識を向けることが重要です。**呼吸の深さや速さを意識することで、自分の緊張状態や体調などを把握するためのヒントを得られる**からです。例えば、1時間に1回は呼吸に意識を向けてみる、また、緊張している時ほど呼吸を意識するようにし、日頃から呼吸に意識を向けるようにします。

一般に呼吸は、「吸う」、「止める」、「吐く」の3つの動作に分けられます。

呼吸に意識を向けた際に、各動作がどういう状態になっているかに注意しましょう。というのも、緊張すると呼吸が浅くなったり、止まっていたりすることがあるからです。呼吸の状態

精神を安定させる呼吸

身体を覚醒させる呼吸

は、個人差があるとともに季節や体調（寝不足、ストレスなど）によっても変化するため、普段から自身の問題点を把握しておきましょう。

さて、いよいよ呼吸法です。「身体を覚醒させる呼吸」、「精神を安定させる呼吸」の2つを紹介しましょう。

「身体を覚醒させる呼吸」は、息を吐く時間よりも吸う時間を長くします。具体的には、大きく息を吸う（6〜8秒程度）→止める（4〜6秒程度）→短く強く吐く（2〜4秒程度）というふうに行います。何度かやるうちに、身体が覚醒していくのを感じられれば○です。

これに対して、リラックスするための「精神を安定させる呼吸」は、吸う時間よりも吐く時間を長くします。具体的には、大きく息を吸う（4～6秒程度）↓止める（4～6秒程度）↓長く吐く（6～8秒以上）といった感じです。

呼吸に意識を向け、状態を知り、コントロールしていくことで、自身をコントロールできるので、実践してみて下さい。

Method

02

意識改革はやり切る

――途中でやめると、やらないのと同じ

物事を行う時、結果ではなく、それまでの過程や努力が大切であり、努力を続けた過程も評

価すべきだと言われます。しかし、意識改革については、その考え方は当てはまりません。というのも、**意識改革は、意識が変わるまで行わないと、また元に戻ってしまうからです。**

意識改革は、自転車に乗る練習と似ています。

自転車に乗る練習は、いくら「頑張りました」、「とても努力しました」と言っても、自転車に乗れるようになるまでやらないと、いつまで経っても乗れません。

意識改革も同じです。途中でやめてしまうと、意識は変わらないのです。

意識改革を登山の例を使って説明しましょう。

登山は、山を登る前から色々な試練を乗り越える必要があります。まずネガティブな雑念や周囲の雑音にめげない意思が必要です。「登山は、ただきついだけでどこが面白いのか」とか、「山は危険だから登らないほうがいい」といったマイナスの気持ちや声があるなか、登るという決心をしなければなりません。

しかも、決心するだけでは山には登れません。登山前にやるべきことがあるからです。まず、装備の準備が必要です。最低限、登山用の服と靴、リュックサックを準備しなければなりません。また、本格的に登るなら、運動不足で鈍ってしまった身体を鍛え直し、日々規則正しい生活をすることによって、体調を整える必要があります。もうこの時点で、行くのをやめたくなる人が出てくることでしょう。

登山前には、ルートの確認とイメージトレーニングも大事です。

イメージトレーニングでは、ネガティブな状況も想像します。急勾配や長時間にわたる行程、さらには視界不良や雨などの悪天候……。マイナスイメージばかりが膨らむと、登る前から心が折れそうになるかもしれません。しかし一方で、装備や体調管理など、しっかりと準備できていれば、マイナスイメージを克服できる力となるはずです。

さあ登山開始です。登りは、体力を少しずつ消耗します。急な登りが続いたり、天候が悪くなったりすると、「どうして山登りなんかしようとしたんだろう」と、ここでも心の揺れが続くかもしれません。

しかし、長い登山道を登り切り、雲の上へと出れば、そこは嘘のような快晴。真っ青な空と圧倒的な高度感、そして遠くまで続く素晴らしい景色が見渡せます。これこそ頂上まで登り切った人しか味わえない、ご褒美であり、感動でしょう。

意識改革は登山と同じで、やりきった人にしか見られない
景色を見ることができる

このように「山登り」と「意識改革」は似たところがあります。**意識改革は、それを成し得た人しか得られない、とても素晴らしいプレゼントが貰えるのです。**

意識改革ができていない状況で見えるものは、その高さで見える景色でしかありません。しかし、意識改革ができた人は、まったく見たことのない景色を見ることができるのです。到達できたはるか高みから遠くまで見渡せるとともに、今まで存在すら気がつかなかったさらに奥にそびえる山を発見できるのです。

このように意識改革は、意識が変わるまで行うことによって、初めて価値が出てきます。そして、次にやるべきことが分かるため、行動が大きく変わるのです。

仕事はもちろん、日常生活でも、気づきが増え、困っている人へ手をさしのべたり、その先にあるボランティアや地域へ貢献したりという意識を持つことができるようになるでしょう。

Method

03

自分が影響力を与えられることのみに力を尽くす

――目の前のことに集中し、ひとつずつクリアする

世の中には自分の行動で影響力を与えられるものと、そうでないものがあります。例えば、自分自身の身体の強さは、筋トレなどを継続することによって鍛え上げることができます。しかし、天候や世界経済の流れなどは、自分一人ぐらいの行動では何ら影響力を与えることはできません。**影響力を与えることができないことに心を配って、力を注いだとしても、思考的体力や身体的体力などのエネルギーが無駄に失われ、本来エネルギーを注ぎ、集中したい場面や事柄が疎かになります。**

例えば納期やノルマが厳しい仕事をこなしたり、家族の不幸や大きな災害に遭遇したりするなど、大きなストレスがかかる状況においては、自らの力ではどうにもならないことを気にして疲弊してしまうよりも、自らの努力で解決できることに力を尽くすべきです。**目の前のこと**

に集中し、ひとつひとつクリアしていく思考と行動が、苦しい状況を好転させることにつながっていくからです。

日頃からこれらを意識した行動を習慣化しておきます。

「筋トレ」や「身近なボランティア活動」など、自分ができることに集中することで、苦しい状況を乗り越えていく

Method

04

怒りや乱れた心を鎮め安定させる

――ベースラインを意識し、溶け込む

映画『プレデター』を観た時、インディアン出身の兵士が気配を感じながら行動をしているシーンがとても印象的でした。森の一点を見つめて「何かがいる。ここは避けた方がいい」と言っている場面です。

もし、気配を感じ取れる技術を戦闘員が身に付けることができれば、生き残って任務を達成して帰ってこられると思います。

多くの方が、子どもの頃、虫取りやかくれんぼなどの遊びのなかで、立ち止まり、わずかな音や気配を感じ取ろうとした経験があることでしょう。でも、じっと静かに待ったり、集中力を切らさずにいたりするのは、子どもにはなかなか難しいこと。きちんと気配を感じ取るため

には、心と身体の安定が必要となります。

その方法は、心の中に静かな月夜をイメージし、大きな池を思い浮かべます。そして、どこまでも静かな、波ひとつない水面が続くよう、意識を集中します。静かな水面には、夜空に輝く月がきれいに映し出されるほど、波ひとつない状態にします。波ひとつない水面を維持していると、自身の気配が周囲に溶け込み、消えていきます。

この状態でもしも波紋ができたとしたら、自分の心が乱れてしまったか、何かを感じて波紋ができたかのどちらかになります。自分が正常な状態であれば、何かの音や動きを感じて波紋ができたのかどうか、正しく判断できます。これが気配を知るということです。

自然には、樹木の多いところ、開けた場所、水の近く、薄暗い場所、日差しが強く入るところ、風が強いところなど、その場所や時間帯に特有の雰囲気があります。動物や鳥、昆虫は、こうした自然の雰囲気の中に溶け込んで行動しているため、目立たず、そこに存在しているのが当たり前になっています。**このような自然の中に、その調和を意識したことのない人間が入**

周囲の変化を敏感に感じられるようになるためには、心を静め、
その場に溶け込めるようにならなければならない

り込むと非常に目立ちます。

まずは、揺れ動いている心を鎮めること、1点を凝視するような視線ではなく、全体を見るような柔らかい視線にすることが必要です。そして、自分が今いる場所にゆったりとした心で、静かに動かず、最低20分以上いると、風の動きや木々の音、虫の鳴き声や鳥のさえずりが自然に聞こえてくるようになります。これで、自然の中に溶け込んだ状態になります。

その場所の普段の状態をベースラインと言います。

普段の状態と異なる状況が発生した場合、例えば自然の中に人間が侵入したりすると、ベースラインが大きく変化します。それは、野生の生き物の反応からすぐわかります。

例えば、浜辺にいるカニは、人が近付くと危険を感じ取り、砂浜に作った穴の中にサッと入ってしまいます。カニが、ベースラインの変化を捉えたからです。

穴の中に逃げ込んでしまったカニを少し離れたところで、静かに待っていると、心が落ち着いてきて、心地よい波の音や風の音が聞こえるようになります。すると、穴に入っていたカニが周囲を確認しながら、外に出てきて、活動を始めます。

しかし、出てきたカニを捕まえようとすると、カニは驚いたように、また穴の中にサッと隠れてしまいます。捕まえようと動いた瞬間、カニに動きを察知されたからです。ゆっくりした動き出しが必要なのがわかります。

気配を消すには、まずその場所のベースラインに溶け込む必要があります。ゆっくりした動作で姿勢を低くし、20分以上じっと自然を楽しむように過ごします。この動作によって、ベースラインに溶け込むことができます。

スマホを見ながら歩いたり、音楽を聴きながら歩いたりすることは、目や耳のセンサーを意図的に閉じてしまった状態であり、気配を感じるどころか、周囲の状況が全く把握できない状態になります。当然、危険を察知できない状態です。これでは立ち止まっても、心の中の水面に波紋が生じてしまっているため、ベースラインに溶け込むことができず、危険を察知できない状態が続いてしまうのです。

Method

05

苦しい状況でも耐え抜ける心の強化法

――心の限界値を10％ずつ広げていく

仕事や人生において、上手くいかない状態が続いたり、頑張っているのにその成果を感じられなかったりすると、心が折れ、へなへなと座り込みたくなるものです。

人には心が穏やかでいられる状態を保てる限界があり、許容量は人それぞれ違います。限界を超えると、心がいっぱいになってしまい、踏ん張れなくなります。誰もが、もっと強い心が欲しいと願う時があると思います。

ここで紹介するのは、私が実践した、崩れそうになった心を立ち直らせ、心を強くする方法です。この方法は**心の限界値を広げるというシンプルなやり方です。**個人差はありますが一カ月ほどで効果が出てきます。

まず、自分の心の限界値を10〜15%ほど、いつもより大きく広げた状態で日々の行動を始めます。すると少しずつ心の許容量が広がり、意識的に広げた10〜15%増しの許容量が標準状態になるのです。以前なら苦しくなってしまうところが、普通の感じで受け入れることができるようになるということです。

心を10〜15%増しの許容量にするためには、**いつもならば苦しくなってしまう状態の時でも、笑顔を作って「まだ余力がある」というように自分に言い聞かせ、心が大きい人間のように振る舞うことです。**

例えば、業務が忙しく疲れが溜まってくると、普通ならば不機嫌になってしまうところを、さわやかな笑顔と声で挨拶をしたり、ニコッと笑みを浮かべ、明るい声で前向きな話をしたり、といったイメージです。

もちろん、簡単にできれば苦労しません。まず、2日以上続けていると苦しくて仕方がない状態になってくるはずです。無理やり明るく振る舞っていると、普段の倍以上に心に疲労が溜まり打撃を受けるからです。3日目を過ぎると、明るい心と表情を作るのがきつくなり、このままではもたないかもしれないという不安と弱い心が出てきます。顔は笑顔ですが、心はヒーヒー状態でいつ我慢ができなくなるかわからない状態となります。

しかし、人間には慣れるという特技があり、1カ月ほど頑張って続けていると、いつの間にかラクになっていくのです。

当初の10日間が頑張り時でしょう。心の中でヒーヒー言いながら、1週間続けても少しもラクにならず、その苦しさは10日目ぐらいまで加速していくからです。頑張って継続することを考え、耐えていると、2週間を過ぎるあたりから、苦しかった状態が少しずつ和らいできます。

そして、1カ月を過ぎるあたりには、普通にできるようになります（当然個人差がありますが）。筋トレによって身体ができてくるのと似ているような感じです。

Chapter 4

セルフコントロール

予防編

Method

01

情報源の確かなものを信じる

――情報は重要な戦力。信頼性の高さがカギ

自衛隊では、戦車、航空機、艦艇などを戦力といいます。また物事を判断し、敵に先んじて行動することを可能にする情報も戦力として捉えています。現代の戦闘では、情報戦に負けるということは、戦いにも負けることを意味します。そのため情報は、重要な戦力なのです。

しかし、**手に入れた情報がいつも正しいとは限りません。そのため、情報を使用するには、入手した情報資料（インフォメーション）の処理が必要となります。**まず、その情報を発した組織や人物（情報源）を信じられるかどうかの評価が必要となります。情報の信頼性が低いにもかかわらず信じてしまうと、致命傷となりかねません。

情報の信頼性は、日常生活においても大事です。

例えば、災害時に頼りになるハザードマップや避難情報は、基本的には信頼性の高い情報源と考えることができます。しかし、確認しているハザードマップが、最新のものでない可能性がありますから、情報源までたどって確認しておくことが大事だとわかります。

また、惑わされてはいけないのが、「○○という状態らしい」などという、SNSの書き込みや噂です。情報源が何であるか不明であり、「らしい」という表現は、不確実な内容であると意識しておかなければなりません。

こうした不確実な情報は、**報告してきた人が実際に見て確認しているかどうかが評価の分かれ目となります。**誰かが言った話をしているのであれば、その情報の正確性は落ちてしまいます。また、日頃の行動から、**情報源として信じられる人物なのかどうかも、ポイントとなるでしょう。**

近年の大規模災害では、必ずデマや噂が広がっています。なかには善意で拡散協力した情報が、デマだったということもありました。

情報源をしっかり確認し、正しく判断、行動することが基本となります。

Method

02

都合のいい情報ばかりを信じない

――マイナスの情報の中に「対処のヒント」がある

自衛隊の訓練では、戦闘の進展が有利に進んでいる時は、報告されてくる情報に対して、自信に満ちた状態で対応することができます。たとえ悲観的な情報が報告されても、対応策を取り、積極的に行動することができます。

しかし、戦闘の状況が芳しくなくなり、このままでは厳しいという状況に陥ってくると、今までの余裕はどこかへと消えてしまいます。**自分たちに都合のいい情報だけを歓迎し、マイナスの情報が報告されても、「何かの間違いだろう」と聞かないようになっていきます。**

都合のいい情報を報告する部下に、上司は「ありがとう、よく報告してくれた」と笑みで答えるでしょう。しかし、都合の悪い情報が報告されると、上司によっては、報告してきた部下に対して怒り出す人も出てきます。「みんなで戦っているのに、不利な状況を報告するとは、どういうことなんだ！」と。

状況を改善しなければならない重要な時期にもかかわらず、都合の悪い情報が報告されなくなってしまうと、何も対処できないまま、さらに厳しい状況へ陥ります。

その先は、取り返しのつかない状況が待ち受けていることは明白でしょう。

そうならないためにも、**常に正確な情報を入手できるようにすること、また、客観的に判断する心を忘れないようにすることが大切です。**

例えば、カスタマーレビューの☆5つばかりを見て判断するのではなく、☆1つの内容の中にヒントがないか見ることによって、偏らないようにすることが大事です。

Method

03

不安が恐怖心を生む

――正体を突き止め、ポジティブな緊張感に

不安は自分の心の中で成長し、ネガティブな緊張を与えるようになっていきます。戦闘時の一番の不安要素は「敵」です。敵はよく訓練している精鋭部隊なのか、大規模な兵力ではないか、強力な火力を保有していないか……など、「敵」の正体を掴めない場合、不安は増幅していきます。その不安から恐怖心が生まれてきます。「敵」は、ミリタリーであれば敵兵や敵部隊となりますが、ビジネスでは、競合する企業やその営業担当者、あるいは社内で成績を競う先輩や同僚などが思い浮かぶでしょう。

正常な状態であれば、「敵」と戦うための準備として、身体が興奮状態になったり、あるいは酸素をたくさん取り込んで、一気に力を発揮させようとしたりするはずですが、恐怖心に心が囚われてしまうと、心拍数が上昇し、発汗や呼吸の乱れ、身震いなどが起こり、判断力や決

断力の低下などにつながる恐れがあります。

恐怖心と向き合うためには、恐怖の正体を突き止め、恐怖心をポジティブな緊張感として受け入れることが重要となります。


「初めてだから怖いのか？」→「みんな同じだ」

「失敗することが怖いのか？」→「失敗がなければ成長はない」


というように、その正体を突き止めます。そして、プラスに作用するポジティブな緊張感へ切り替えるようにします。

動悸や発汗、呼吸が速くなるのは、身体がチャレンジするために準備してくれていると捉えることによって、冷静な判断と的確なパフォーマンスへと導くことが可能になります。

Method

04

心身のエネルギー保持

――未知の状況を減らし、余裕を生み出す

緊張下で活動する時には、心身のエネルギー保持が重要なのは当然のこと、思考体力（考え抜く力）も不可欠になります。特に、緊迫した状況では、想像を超えるストレスがかかり、消耗しがちです。日頃から、心身両面のエネルギーを保持することを意識し、その不足によって活動そのものが低下・悪化しないように、また、思考や判断に迷いが生じないように、準備しておく必要があります。

さて、**勝手がわからない未知の場所、自分でコントロールできない場所というのは、多くのエネルギーを消費しがちです。**家やその周辺、また通勤経路にこういった場所があると、災害が起きた時など緊張下で活動する際に、余計に多くのエネルギーを消費してしまいます。洪水や土砂崩れなど危険が起きそうな場所はないか、また安全が確保できる避難場所はあるか、代

平時から家や勤務先周辺、また通勤経路に潜むリスクを確認しておきたい。
こうした準備がいざという時の心身のエネルギーを保つことにつながる

替の交通や通信手段は確保できるかなどを普段から把握し、可能な限り自分のコントロール下に置くことができれば、万が一の時も、心身のエネルギーを無駄に消耗せず、活動が続けられるはずです。

こうした備えは、ビジネスシーンでも当てはめられるでしょう。

初めてのお客様に営業を行う場合は、少なくとも30分前に現地付近に到着し、周囲の環境や特性を認識するようにします。その会社の人たちの行動を見ていると会社の特徴が見えてきますし、周辺の観察から商談時の話がはずむ話題やきっかけが得られるかもしれません。また、訪問前には、あらかじめお客様の情報を収集して分析し、プレゼンや質疑応答さらには再訪問に至るまでの流れを何度もシミュレーションしておきます。このように、自分でコントロールできる部分を増やすようにしておけば、緊張感のある営業場面もしっかりこなせるようになるはずです。

Method

05 精神状態を把握する

――ネガティブな気持ちに支配されない

自衛隊の任務は、一般の仕事よりも危険が伴います。戦闘を想定した日々の訓練はもちろんのこと、緊迫した情勢の海外へ派遣されることもあります。また大規模な災害が起きれば、被災した自分の家族を残してでも、救助活動に出動しなければなりません。厳しい任務が続く時は、恐怖や不安などネガティブな気持ちに支配されないよう、自分の精神状態をしっかりと把握しておく必要があります。

こうした心がけは私たちが日常生活を送るうえでも大事です。人はちょっとした失敗やつまずきで心を乱すことがあります。「自分の意見は受け入れられていないのではないか」、「上手くいかないのではないか」と、自分の行動に自信が持てなくなったり、「先が見通せない」と、不安にかられたりすることがあります。このような場合は、**未知の出来事や情報の不足が心を乱す原因となっていることが多々あります。**「漠然としているところの情報を集めて具体化して進めてみよう」と捉えてみると、曇っている心が晴れてきて、糸口が掴めます。

また、「自分がどういう時に不安を感じるのか」、そして、「そのような時はどうすれば落ち着くことができるのか」をしっかりと理解しておくことで、想定外のことに直面した時も、パニックにならず、自らの心をコントロールすることができます。

Method

06

『正常性のバイアス』に呑み込まれない

――自分の判断力のなさを認めるところから始める

人は大きな不安に直面した時、『正常性のバイアス』を働かせ、心を安定させようとします。例えばリストラの危機、未知の感染症や大きな災害など、都合の悪い情報がたくさん入り込んできた時、**人はこれまでの経験に照らして「そんなことはありえない」というふうに考え、心を安定させようとする**のです。これが『正常性のバイアス』です。

この『正常性のバイアス』が危険なのは、災害の時です。「この地域は今まで大きな地震が起きていないから、これからも大丈夫であろう」、「地震があったとしても、自分が巻き込まれることはないだろう」、「避難指示が出ているが我が家は大丈夫だろう」というように、自分は大丈夫という意識が働き、地震発生時の準備ができていなかったり、避難すべき時に避難をしなかったりして、自身や家族の命を危険にさらしてしまう状況に陥ります。

●バイアス／先入観、偏向、偏見。思考や判断に特定の偏りをもたらす思い込み

　では、どのようにすれば、『正常性のバイアス』を回避することができるのでしょうか。『正常性のバイアス』を避け、後悔しない選択をするためには、より正確な判断力を身に付ければいいと考えがちですが、実はアプローチの仕方はその逆となります。

　自身の判断力を磨くよりも、むしろ**「自分の判断力のなさ」**や**「選択す**

る力のなさ」を認めることが『正常性のバイアス』を避ける出発点になるのです。自分には判断力があると信じているために、かえって、自分の能力について過大に見積もってしまう状態になりやすくなるのです。そして、大丈夫だと自分が判断したのだから、これは正しい判断であると思い込んでしまう状態に陥ります。

　こうした状況に陥らないためにも、自分の判断力のなさを認める「素直で謙虚な心」が大切になるのです。

　といっても、実際に避難指示の場面に直面すると、「素直で謙虚な心」となれるかといえば、難しいところでしょう。しかも、「避難するか」、「避難しないか」の2択は自動的に視野を狭めてしまい、『正常性のバイアス』を働きやすくしてしまいます。**そうならないためにも、「避難しないとどのようなリスクがあるのか」、「避難するための手段はいくつあるのか」、「避難する場合、どこに行けばいいのか」、などと思考と選択の幅を広げていくことにより、妥当な判断ができるようになります。**

Method

07

『確証バイアス』の危険性

――自分の判断を肯定する情報ばかりを集めていないか

『確証バイアス』とは、自分が正しいと思ったことを肯定する情報ばかりを信じ、否定する情報を避けたり無視したりするバイアスのことです。

これは、人間が心を平静に保とうとするために無意識のうちに行っていることですが、緊急時や危険な状況が近づいている時には、**『確証バイアス』が正しい判断を狂わせてしまうことがあります。**

例えば、台風時の避難指示の場面を考えます。

台風が接近し大雨洪水警報が発令されている状態で、夕方頃、市役所から避難指示が発令された場合、どのように判断するでしょう？　台風が最接近するのは夜半からです。夕方の時点では、まだ台風との距離があるので風雨が強くなく、明るいので周囲の状況が見えて危険や不

安を感じることはありません。

「近くの河川はほとんど増水していない」、「今のところ、雨と風はたいしたことはない」、「避難所へ行っている人はまだ少数である」、「いざとなったらクルマで避難すればいい」、「ライフラインがダウンすることはないだろう」と避難の必要性がないことを肯定する情報ばかりを集めてしまい、自分の考えを正当化してしまうような状態になりがちです。

このような状態になると、「早めの避難を心がけて下さい」、「大きな災害が発生する可能性があります」という情報を耳にしたとしても、「大げさに言って避難させようとしている」、「不安を煽っているだけ」というように捉え、このような情報を相手にせず、かえって反感を抱く状態になってしまいます。

このバイアスから逃れるためには、例えば災害発生時に、「避難しないとどのようなリスクがあるのか」、「避難するために残された手段はいくつあるのか」、「避難する場合、どこに行けばいいのか」、「家族を連れて避難するにはどうすればいいのか」など、選択の幅を広げて考えることにより、妥当な判断ができるようになります。

確証バイアスに陥らないためには、すべての情報を、客観的に見て、多角的に判断できることが重要となります。そのためには、信頼できる仲間の意見を聞いたり、違う立場の目線になったりして、もう一度情報を見直すことが必要です。緊急時こそ、自分にとって都合のいい情報ばかりを集めていないか、注意しましょう。

Chapter 5

敵を知る

Method

01

有利な状態を実現する「情報の収集と分析」

――正体不明の敵を「見える化」する

ある目的を達成しようとする時、それを阻害しようとする敵の存在や正確な実態がわからないと、不安や心配が増幅されていきます。

これを防ぐためには、**自分が対峙する可能性のある敵とはいったい何なのか、正確な情報を収集して分析し、敵の正体を突き止めていく必要があります。**そうすることで、正体不明の敵であったものが、理解を深める過程で、対応可能な障害へと変化していきます。こうなると自分自身の心もコントロールが可能になり、得体の知れない恐怖心だったものを、適切な緊張感という味方に変えることができます。

自衛隊では、自由対抗方式の戦闘訓練を行います。これは実際の人員で行うこともあれば、コンピュータシミュレーションによって行うこともあります。

対峙する部隊は互いに、相手の兵力や予想される行動の分析を行い、対抗策を準備して、敵の動きを封じたり、無力化したり、また奇襲を受けないように作戦を考えます。

さらに実戦となった場合は、相手の指揮官の性格や受けた教育の内容、今まで経験した訓練の内容まで調べます。「積極性を好み、攻撃の訓練を多く行ってきた指揮官」という情報がわかれば、敵の指揮官がどういう行動を取るのか読みやすくなります。また、「防御訓練をほとんど行っていない指揮官」ということがわかれば、防御を行わざるを得ない状況を作ることによって、敵の不得意なステージで戦うことができます。敵の特性に関する情報を収集し、敵の「見える化」ができれば戦いは非常に有利に展開できます。

一方、敵を見つけることができなかったり、あるいは存在自体が不確かであったり、実態が不明確だったりすると、正確性の低い情報に踊らされ、心が乱れ、消耗してしまいます。つまり、敵がどのようなものかを冷静に突き止めていくことは非常に重要なことなのです。

これはビジネスや日常生活でも同様です。

例えば、職場では、上司の働き方やこれまで経験してきた業務の内容を分析することによって、ある程度、上司の思考パターンや反応を予測できるようになります。この予測ができるようになると、上司を味方につけたり、上手く動いてもらえる方法を考えたりすることができるようになるでしょう。

また災害時には、災害という敵の特性をきちんと把握しておくことによって、より適切な対処や避難ができるようになります。

例えば、地震の場合と風水害の場合とでは、避難するルートや避難すべき場所が変わる可能性があります。どこに危険が潜んでいるのか、どのように安全を確保すればいいのか、災害という敵の特性と勢いを想像して、シミュレーションしておくことが重要です。

災害に限らず、クルマやバイク、自転車の運転につきものの事故、また火災や感染症など、いずれもその特性を知ることによって、心を惑わすことなく、冷静な状態で対処することができます。

Method

02

「その時」に備えた安全確保の仕方

――災害時は慣れた日常の場所が「敵地」になる

自衛隊では、斥候（偵察）訓練で敵の支配する地域に潜入した場合、決して無理な行動をしません。敵に行動を察知され捕捉されてしまうからです。

敵地のまっただ中のような、未知で、自身の意思や能力を十分に発揮させられない環境下では、何が起こるのか予想がつかないため、無理な行動に出ることは危険です。危険を感じ取った場合、まずは見つからないようにして様子を伺います。そして、安全が確認できなければ、その場から静かに離脱して、安全が確保できる場所まで移動します。

敵地の斥候は、災害時の備えの対応に通じるところがあります。

たとえ住み慣れた街でも、災害が起きればそこは未知の敵地と同じような状況になりかねません。安全を確保できる場所を平時から確認し、安全に移動できるルートを検討しておきまし

ょう。まずは、ハザードマップで危険なエリアを確認します。次に橋や崖、万年塀などを実際に見て把握しておき、安全に通行できるルートを歩いてみます。

また、災害時を想定して注意しておきたいのが、ケガのリスクについてです。

災害が起きた場合、どこでケガを負う可能性があるのか、1日を過ごす場所ごとに区分して、洗い出しておきましょう。多くの人は、家と職場、そして家と職場をつなぐ通勤ルートがそれにあたると思われます。

家の中で弱点となるのは寝ている時です。寝ている時にタンスや本棚、テレビなどの重いものが倒れてくるような状態は、命にかかわるほど危険です。また、廊下や階段、玄関に物を積んでいるのもダメです。避難経路が遮断されるだけでなく、物が少なく安全を確保しやすい場所の廊下が、災害時に役に立たないからです。

いざという時の安全確保のためには、寝室のレイアウトを見直し、家具の転倒防止処置や避難経路の廊下や階段、玄関をクリアに整理しておくことが大事です。家の中では目をつぶっていても行きたいところへ行けるようにしておくと、真っ暗闇や四つん這いになっての避難が必要な時でも行動ができます。

災害は勤務中に起きる可能性もあります。職場に潜む危険も検討しておきましょう。オフィスの窓ガラスが割れたり、照明が落下したりする可能性があります。ビル街の通りでは、ガラスや看板などの構築物が落下してくる可能性もあるでしょう。自身の行動圏のなかで、どこに危険が潜んでいるのか、想像力を働かせて事前に把握しておく必要があります。そして、いざという時には、むやみに外に出ない、あるいはやむをえず外に出る時は、落下物の被害を受けにくい道路の中央よりを歩くなど、慎重な行動が求められます。

火災もまた大きな脅威となります。特に地震後の火災は被害を大きくしがちです。出火元の想定、非常口の確認とそこへの経路を日頃から確認しておきます。いざという時、行動に移せるかどうかは、日頃の準備にかかっています。オフィスビルで、毎日同じエレベーターばかりを使うのではなく、階段を利用してみる、普段とは違うエントランスを利用してみるなど、偵察し、血肉化しておきましょう。

Method 03

危険な場所とはどこか

――防御が難しい場所には近づかない

例えば、地雷が設置されていて、「立ち入ると触雷（地雷を踏んでしまうこと）の危険があります」と警告板が設置されていれば、わざわざ足を踏み入れる人はいないでしょう。

しかし、危険な場所につねに注意書きがあるとは限りません。

また、危険度も一定というわけではありません。例えば、地雷原は、埋設している地雷の密度によって触雷の確率が変わります。ある範囲の中に地雷を何個設置するかを示す時は、『クラスター』という表現をします。例えば、密度2であれば、一直線に地雷原を歩いていくと必ず2回触雷することを示しています。密度が高ければ高いほど、触雷の危険度は高まりますから、そういった場所は絶対に近寄ってはならないと判断できるでしょう。

この地雷の例は、新型コロナウイルスへの対応と照らし合わせると理解してもらいやすいでしょう。クラスターが発生した場所の多くは、触雷の可能性が高かった、危険度の高い場所だったと想像できます。そういう場所は、**防御を高めてもリスクをゼロにすることは難しいでしょう。なるべくなら、近づかないことが大事です。**一方で、危険度が低めであれば、マスクを装着し、前後の消毒など対策をしっかりすることで、リスクを大きく下げることが可能となります。

こうした考え方は、見知らぬ土地（海外）などでも応用できます。地元の人から、そもそも危険だと言われている歓楽街や遊泳禁止などのエリアには近寄らないことです。

また比較的安全とされていても、リスクはゼロではありません。そのエリアの雰囲気を敏感に感じ取り、適切な防御がとれるよう、心がけておきましょう。

最後に集団の危険性について触れておきましょう。

人が多く集まると、それだけで怖さを感じさせます。その集団の性格は、単に人が集まっているだけなのか、凶暴性を持っているかどうかで、危険性が大きく変化します。この変化を掴むためには、集団の動きに注意することが必要です。ゆっくり歩いている時は、まだ気持ちができていない状態です。

動きに速度が出てくると危ないスイッチが入った状態になります。顔つきが険しくなったり、わめき声が起こったりする頃には、誰もが危ないと認識できますが、そうなる前に距離をとっておきましょう。

Method 04

危険な行動とはどのような行動か

――自身のみならず、仲間を危険にさらしていないか

危険な行動というと、自分自身の判断ミスや認識の甘さからのリスクがまず思い浮かびますが、それだけではありません。自分の行動によって、仲間や周りの人たちを危険な状態にしてしまうことも、危険な行動です。

例えば敵地で、警戒もせずに無防備な状態で行動すれば、とても危険です。これが仲間と一緒に行動している時なら、どうでしょう。自分の不注意な行動によって、敵に発見され、部隊を窮地に追い込んでしまうかもしれません。「歩くたびにガチャガチャと装具の音を立ててしまう」、「不用意に道路の真ん中を歩いてしまう」などの行為は、戦闘では絶対にあってはなりません。自身のみならず、仲間も危険な状態に陥らせてしまいます。

これは日常生活においても気をつけておきたいことです。

例えば、新型コロナウイルスへの対応です。「マスクの着用」や「手洗い・アルコールによる手指の消毒」などは基本の対応です。これは、自身を守るためだけでなく、家族・仲間・周囲の人へと感染を広げないための対策です。自分が無防備な状態で活動すれば、家族や職場の仲間を危険な状態に陥らせてしまうことになります。

Method

05

1人の行動がすべてを無にする

――軽い気持ちから「ほころび」が生まれる

自衛隊では、駐屯地や基地で多くの隊員が集団生活をしています。集団生活では、わずかなほころびが、大きなダメージとなることがあります。

新型コロナウイルスの例がわかりやすいでしょう。仮に1000人中999人までは示された規範に沿って行動していたとしても、わずか1人でも感染リスクの高い危険地帯に入り込み、勝手な行動をしてしまうと、隊内でクラスターが発生する危険性が一気に高まります。

いくら感染対策をしていても、1人の危険な行動によって、感染拡大の原因を作ることになってしまうのです。

さらに、感染してしまったにもかかわらず、その事実を誰にも告げず、部隊生活を行っていたとしたら、感染拡大の封じ込めは、ほぼ不可能になってしまいます。たった1人の行動が全ての努力を水の泡にしてしまうのです。

これは、新型コロナウイルスの問題に限りません。

仕事の場面などにも、危険への誘惑が潜んでいます。「顧客情報を漏らしてしまう」などもってのほかですが、「1人、2人ならバレはしまい」などと、深く考えず、外部へと流出させてしまう可能性があります。また、自分のミスを隠すため、「ちょっとだけ数字の操作を」と思うことがあるかもしれません。こうした行為は、コンプライアンス違反として、のちのち企業に大きなダメージを与える可能性があります。最悪の場合、企業生命にかかわる問題に発展することがありますから、絶対にやってはいけません。

「マズイかも」と認識しながらも気持ちが動いてしまう時や、他者から誘惑があった時などは、今一度冷静な我に立ち返り、自身の立ち位置と責任を考えてみて下さい。

Method

06

オープンセキュリティーサークルとダメージコントロール

――覚悟を持って挑むための準備をする

「オープンセキュリティーサークル」というのは、簡単に言うと「脅威との距離とその対処」です。敵との間合いが長距離であれば、脅威レベルは低いが「常に備えよ」のスタンスとなります。間合いが中距離であれば脅威レベルはやや高まり「スタンバイ！」となり、間合いが縮まり短距離となれば「即対処」、「実行」、「実戦」となります。

この時に、**事前にしっかりとした「ダメージコントロール」が準備されていれば「いざ！」という時には躊躇することなく、覚悟を持って挑み、まっすぐにことに当たることが可能となります。**ミリタリーで「ダメージコントロール」といえば、攻撃を受けた際、その被害を最小限に留めるための処置のことを指します。

仕事で考えれば、脅威は、「重要な会議」や「営業訪問」と考えることができるでしょう。「常に備えよ」→「スタンバイ」→「実行」となります。この時、トラブルが起きても、万全のプレゼンができるかどうか、それが仕事におけるダメージコントロールといえます。

「プレゼン当日に相方が参加できなくなった」、「予算や納期が想定外だった」、「ライバル社のほうが先行していた」など、脅威のレベルに応じた対応を準備しておけば、心の動揺も少なく、自信をもってプレゼンをやり切ることができます。

ビジネスの現場では、脅威レベルが高い「エマージェンシープラン」の準備が欠かせません。

これは予想を超えた状況が発生した場合の対処計画です。

当初立てた目標達成が困難になる状況では、目標の変更、撤退、中止の判断を行い、速やかに行動に移す必要があります。

例えば、急激な市況の変化によって、他の企業からより安くて高品質の製品が参入してきたとします。自社の製品が太刀打ちできない状況になった場合、値下げによって対抗するのか、撤退するのか、あるいは新製品が投入できるまで一時生産を中断するのか……など、緊急の対応について判断しなければなりません。判断と対応が遅れれば、その間に損害が膨らみ、対応のためのオプションが狭まってしまうからです。

「エマージェンシープラン」を考える場合、予想を超えた状況はどのようなものがあるか、あらかじめリストアップしておきます。

また、「エマージェンシープラン」はどの条件が崩れた場合に移行するかを決めておくと判断が早くなります。

例えばミリタリーで考えれば、「損害が30％以内に抑えられていること」、「敵の戦力がこちらの2倍以内であること」、「敵の戦車は10両以下であること」などを条件として設定しておき、この条件が1つでも崩れたら「エマージェンシープラン」を発動するのか、3つすべて崩れた時に発動するのかを決めておきます。

Method

07

危険な場所で行動しない 防護措置がとれないならば

――情報はダブルチェック＆クロスチェックする

自衛隊が危険な場所で行動できるのは、その場所における安全確保のために必要な情報をしっかりと収集し、安全対策を確実にしているからです。

まずは可能な限り多角的に情報を収集します。その後収集した情報のダブルチェックとクロスチェックを行います。ダブルチェックは文字通り、2回点検することです。偵察であれば、同じものを調べている他の偵察要員からも同様の情報が挙がっているかを確認します。クロスチェックは、最初に行った点検方法とは異なる手法や視点で点検する方法です。例えば、地上偵察要員から挙がった情報を、今度はドローンで空からも確認するといった方法で行います。チェックの信用度や信憑性が確認されると、次は分析の段階となります。作戦立案や対応・

対策プランの作成へと進みます。そして必要な装備や物資が選定され、的確な人員や部隊（チーム）が選抜されます。

このように、**すべての準備が整ったなかでの作戦行動となるため、基本的にはレギュラー化してある行動範囲内（通常の状態）で危険回避を行えばよいことになります。**

ただし、イレギュラー（不測の事態）が起きないとは限りません。そこで、用意されるのがバックアップ・プランです。当初のプランニングのオプションとして「最悪の状況」を想定したプランを用意しておき、不測の事態に備えます。

Method

08

災害派遣で負傷者を出さない「危険見積もり」と「安全管理教育」

——危険を回避、無効化して行動する

危険な状況や場所で行動する自衛隊は、普段から身体をしっかり鍛えていますが、あくまでも普通の人間です。映画やドラマで活躍するスーパーヒーローのように、極端に強い人間ではありません。

しかし、普通の人間であっても、適切に行動すれば、危険な場所でもケガをせずに任務を果たすことができます。

自衛隊では、危険見積もりを常に行っています。**危険見積もりとは、部隊と隊員が行動する際にケガや事故が発生しやすい場所、時間帯、行動をひとつひとつ洗い出すことで、その危険な場面に対する対応策を準備するために行うのです。**

危険見積もりによって明らかになった危険な行動は行いませんし、危険な場所には近づくことを禁止します。このようにして、確実に安全を確保するのです。

自衛隊員が危険に特に強いというわけではなく、どのような危険がいつ、どこに存在するかを理解し、ケガをしない行動を確実に行うため、自衛隊は災害派遣などの厳しい現場でもケガをしないで活動ができるのです。

自衛隊では、災害派遣の現場に出発する前に、駐屯地にて危険見積もりと行動の統制に関する安全管理教育を確実に行います。また、災害現場に到着し、活動する前にも、短い時間ですが安全確保のための重要事項を再度教育し、意識付けをしてから活動を開始します。このようにして安全を確保しているのです。

Chapter 6

日常生活における習慣化

Method

01

習慣化する

――面倒なことも無意識にできるようにする

自動車免許を持っている方ならば、自動車教習所での初めての教習がいかに大変だったか、思い起こすことができるでしょう。「出発前の安全確認」、「クラッチを踏んでエンジンをかけ、ギアを入れる」、「アクセルを踏みつつ、クラッチを少しずつ戻す」……、ひとつひとつの動作を考えながら運転したこと、また、頭と身体が上手く連動して動かない状態を体験した人が多いと思います。クルマの運転は、同時に行う作業が多く、常に神経を使い、余裕のない状態だったはずです。

しかし、運転に慣れてくると、次第に身体が自然に動き、初めての頃の大変さが嘘のように感じてしまいます。**頭で考えるのではなく、習慣化され、身体が覚えるから、スムーズにできるようになるわけです。**

日常の安全確保も、自動車の運転と同様に、習慣化しておきたいことです。自衛隊では出発前に、「右よし、左よし、後方よし」などと安全を確認する習慣をつけています。頭でひとつひとつ考えていては、実行漏れが起きてしまいます。また、災害が起きた時など、緊急時にだけ行おうと思っても、習慣化されていなければ、機能しません。毎日の積み重ねで、少しずつ慣れていき、自分のものにしておくことが必要となります。

例えば、家から出る時の戸締まりで、順番に「火の元よし、窓よし、電気よし、カギよし……」などと室内から外へと、ひとつずつ足していくと、気付いたころには無意識に多くのことができるようになり、幅広い危険に対応できるようになります。

Method

02

常に備えよ

──トレーニングのためのトレーニングはいらない

自衛隊では常に実戦のための準備を行っています。トレーニングのためのトレーニングや、準備のための準備では、まったく意味がありません。大事なのは「常に備えよ」という心がまえです。そのためには、戦闘や緊急事態を想定し、**実際に対応できる工夫を生活のなかに取り入れることが重要となります。**

これを一般の方に置き換えるとすれば、災害などの有事を想定して「常に備えよ」ということになります。

そして有事の際には、ただひたすら目の前のやるべきことに集中し、確実にそれを成し遂げていく必要があります。過大な期待をすることはせず、また決して諦めることもなく、今この瞬間を生き抜くことだけを考え、仲間のために、家族のために、自分のために、明日につなげていくことが大切になります。

Method 03

基礎的事項の徹底

――積み重ねが遂行能力を高める

自衛隊では「基礎的事項」を徹底します。これにより、自衛隊の任務を遂行するために欠かせない能力を身に付けます。

例えば、戦闘における基礎動作を身体に覚え込ませます。戦闘訓練中は、「部隊が停止したら、ゆっくりと低い姿勢になり、あらかじめ示された方向を警戒すること」、「遠くからでも見つかる恐れのある稜線を歩かない」、「危険な場所では手信号により無声指揮をする」などがそれです。当たり前のことが多いのですが、**疲れていても、急いでいても省略せずに確実に行うこと**

により、部隊の安全を確保することができます。

こうした基礎的事項の徹底は、日常生活やビジネスの現場へも応用できます。

例えば、新型コロナウイルス感染症対策として挙げられる「手洗い」、「マスク着用」、「3密を避ける」などは、今の日常生活における基礎的事項でしょう。ビジネスでは、自身の業務内容にあわせて、基礎的事項を設定（マニュアル化）し、血肉化することで、仕事の遂行能力が高まるはずです。

基礎的事項は、頭に入っているだけではダメで、習慣化できていなければ、本当の力にはなりません。「わかっているから」と軽く見たり、省略したりせず、やり切ることが大事です。また、職場で共通する基礎的事項は、ともに働く同僚とも共有できていなければ、高い効果が得られません。

Method

04

同じ場所に同じものを入れる

――いざという時にも手探りで使える

自衛隊では、リュックサックのパッキングの基本を学びます。パッキングの善し悪しは、作戦行動の成否にも関わってくるからです。

例えば、いつも同じ場所に同じものを入れるようにします。持ち物の定位置を決めておくわけです。そうすれば、必要なものを迷わず取り出せるのはもちろんのこと、**視線を外せない場面や暗闇でも、手探りで必要なものにアクセスできるからです。**

プライベートのカバンでも、荷物の定位置を決めておくと、安心です。財布、定期、スマートフォンなど、重要なものほど、入れる場所を決めておくことが大切です。忘れ物防止にも役立ちます。

リュックサックを使っている人は、荷物の入れ方にも注意しましょう。下の方から重いもの

荷物の定位置を決めておくことで、スムーズな出し入れができるほか、忘れ物の防止ができる。また、パッキングを工夫することで、リュックサックが重くなった場合も、身体への負担を減らすことができる

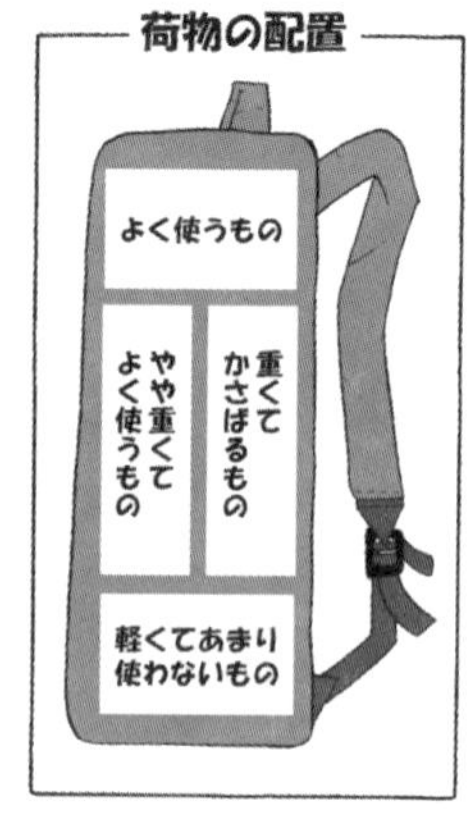

を入れたほうが、安定すると考える人が多いですが、これではかえってバランスの悪いパッキングになってしまいます。正解は、**下の方に軽いものを詰め、上の方に重いものを入れるようにします。**特に重量のあるものは、リュックサックの中でも背中側に寄せると、背負った時の安定感が高まります。実際にこの要領でパッキングし、リュックサックを背負ってみてください。同じ重量なのに、軽く感じ、疲労が少ないはずです。

なお、自衛隊では、リュックサックに収める荷物をすべて防水処置します。簡単に言えば、**荷物を小分けにし、それぞれビニール袋に入れるのです。**戦闘行動中に傘をさすことなど不可能だからです。プライベートでも、こうした防水処置をしておくと、いざという時、荷物に気を取られず、目の前の行動に集中できるでしょう。

Method

05

能力以上のことをしない

――ケガや失敗のほとんどは人的ミス

訓練中のケガや失敗の多くは、人的ミスによって発生します。その原因は、「機材の操作ミス」、「禁止事項を守っていない」、「やるべき確認を怠った」などが挙げられ、部隊全体の安全管理がゆるくなった状態で起こっています。

安全管理がゆるくなっていると、能力以上のことをやろうとしたり、一度も訓練をしていないことを勢いで行おうとしたり、あるいは、手順を省略しラクをしようとしたりします。軽い気持ちですが、こうした気のゆるみが、そのまま事故につながってしまうのです。

疲労が溜まっている時も、安全管理が甘くなりがちなので、注意が必要です。ラクをしたい気持ちから、大ケガになってしまうこともあるのです。

例えば、20kg以上の荷物を担いで、夜間行進訓練を行ったとします。

明け方、目的地の目前に、幅1mほどの深い側溝が現れました。30mほど左手に進めば、安全に渡れる橋がかかっています。あなたなら、どうしますか？

肩にはずしりと重いリュックの肩紐が食い込んでいることでしょう。また、疲労で足の踏ん張りがきかなくなっているはずです。普通に考えれば、面倒でも橋まで行くのが安全で確実だと判断できるはずですが、疲労や目的地を目前にした気のゆるみがあると、「このくらい大丈夫だろう」と側溝を飛び越して渡ろうとしてしまい、結果的に落ちて大ケガを負ってしまうのです。これでは、戦わずして損耗してしまうことになります。

自衛隊を例に挙げましたが、これは日常生活やビジネスの行動においても、当てはまることです。身体的にも精神的にも厳しい時ほど、怠慢な思考に流されない、過信した行動をとらないようにしておくことが重要となります。

Method 06

コンディションの確認

——毎日のルーチンが早期発見につながる

規則正しい生活を毎日行うことは、健康にいいと言われます。

ある部隊を例にすると、決められた時間にラッパの音で起床し、整列点呼、そのまま駐屯地の周囲約5㎞をランニング。こうした毎日を繰り返していると、日々の微妙な体調の変化に気づけるようになります。

起きた時の目覚め具合、5㎞を走る時のスピード、その途中での息の上がり具合や足の疲労

感、そして終わった後のしんどさ……など、普段との違いを認識することによって自分の体調に不具合がないか、確認することができます。

また毎日続けていることで、どんな時にどのような変化が起きているのかも、把握できるようになります。例えば、夜更かしや暴飲暴食の後、緊張が続いた後など、日常生活の何気ない出来事が自分の体調にどんな影響を与えるのかを分析することができます。

普段から一定の行動をルーチン化することで、体調の変化にいち早く気づき、本格的に体調を崩す前に身体を休め、病院に行くなど先手先手の対応を取ることができます。

Method
07
脱落防止処置を施す
——後悔する前に防止の準備しておく

自衛隊では、戦闘中に装備品（小銃や無線機）などの部品がゆるんで紛失してしまわないように、該当部品に目立たない黒いビニールテープを巻いて補強しておきます。**部品の脱落は、作戦行動で致命傷になるため、厳しい環境でも確実に機能するよう処置をしておきます。**

日常生活においても、脱落防止は有効です。通勤定期やカギ類、スマートフォンなどの貴重品は、市販のコードを使って、カバンやベルトにつけておくと安心です。また、定期的に手で触り、目視で確認することで、より安全性を高めることができます。

Chapter 7

ビジネスに役立つ自己コントロール

Method

01

「先行性」「適時性」「完全性」は仕事の三本柱

——業務日誌の作成が仕事に「意思」を入れる

仕事は、先々を読んで準備をする「先行性」、必要な時に間に合わせる「適時性」、しっかりした内容にする「完全性」の3つが重要となります。このなかでは、「先行性」と「適時性」が特に重要といえるでしょう。

「完全性」を追求するあまり、「今必要としているのに、間に合わない！」では、仕事自体の価値を大幅に低下させてしまいます。スピードが重視される情報関連分野であれば、全く意味がなくなってしまいます。

また、「先行性」や「適時性」をクリアするために、将来を予測し、早めに準備をしていくことが大事です。大きなプロジェクトほど、先を見通す視力が重要です。

「先行性」と「適時性」と「完全性」を支えるのは、**いつまでに何をどこまで進めていくのかをコントロールする計画です。**計画を作成するために、予定を具体的に、「月」「週」「日」「時間」単位まで記述したものが業務予定表です。業務予定表をより詳細に展開したものが業務日誌になります。

業務日誌を作成することにより、仕事に自分の意思を入れて進めることができるようになります。**自分の意思が入るようになると、受動的な状態から、主導的な状態に変化するため、仕事が面白くなっていきます。**そうなると、不思議なことに今まで出てこなかったような、仕事内容をもっと良くするためのアイデアが色々出てくるようになります。

業務日誌作成のポイント

☐ **毎年決まって発生するルーチンワークの業務を展開する**

・いつから準備を始め、いつまでに終了させるのか。全体の業務量と日々進めなくてはならない事項を把握する

・ルーチンワークの効率的な運用を計画し、努めて業務量の低減を図る

・新規業務を行うための業務量の空きを確保する

□ **新規の業務を行う場合**

・最低1カ月分の業務予定表を作成する
・1カ月先まで日々行う業務を具体的に展開し、業務日誌を作成する
・さらに先が見えるようになり、具体的に行う内容が見えるようになってきたら、3カ月先までの詳細な業務日誌を作成する
・常にエンドステート（どのような形でいつまでに終了するか）を決め、必ず達成する
・会議、お客様への訪問、プレゼンテーションの時は、業務が順調に進んでいるかどうかを確認する重要な結節点となるため、ここで遅れの状況を判定する
・早く進めば予定を早め、時間がかかっている場合は予備の日を使用して遅れを取り戻す
・予備の日は、1週間に半日程度設定し、1カ月に1日さらに予備の日を設定する
・業務が進まない時は、他の業務をその時間に移行して業務量を消化する

□ **業務日誌の修正**

・1日の終わりに今日の業務進展度合いを確認し、業務日誌を修正する
・やり残した業務があれば、1週間以内に空き時間を使用して仕上げるように計画、業務日誌に遅れた分を取り戻す時間を設定する
・問題が発生した場合は、予備時間を使用、他の業務を詰めて時間を捻出する

□ **参考事項・教訓事項を短く空きスペースに記述する**
・業務で上手くいった時のポイント
・実体験した反省事項、自分が自分に負けてしまった時の状況
・教訓事項

業務日誌は朝、職場に来た時の5分間と帰る前の10分間、進展度合いの確認をしつつ、必要なことを記述していきます。

朝は今日1日をどのように行動するかを確認するとともに、モチベーションを上げるのに使

います。終業前は、今日できたこととできなかったこと、会った人との交渉内容、ポイントなどを記述、明日やるべきこと、来週やるべきことを今日のでき具合に基づいて修正を加えます。業務日誌で必ず期日までに業務が進むようにできるようになると、失敗しなくなります。業務日誌を作成することにより、準備をしっかりしておくことが大切であること、準備ができていれば上手くいくことがわかります。

Method 02

上司が喜んで饒舌になってしまうような部下

――上司の期待を超える結果を出す取り組み方とは

上司が饒舌になる時は、気分がいい時です。

どういう時に気分がいいかというと、「部下が壁を破り、成長した時」、「部下が予想を超えた仕事をしてくれた時」、「自分の考えていることを具現化してくれる部下を得た時」などです。このような時、上司は、さらに色々なイメージが膨み、新たな発想のヒントを得て、頭の回転が凄くいい感じになります。

では、部下はどのように取り組めば、上司を満足させ、饒舌にできるのでしょうか。

まず、命じられた仕事について、エンドステート（最終的なでき上がりの姿）をイメージし、それを実現する方法、仕事の内容と深さ（思考の幅）など、大まかな枠組みを考えます。全体が掴めた段階で仕事に取り掛かります。情報を収集したり、関係者にインタビューしたり、部署間の調整を行ったりして、仕事をまとめていきます。

また、途中経過を上司に報告し、指針の確認や指導を受けます。

この時、**上司から自分のイメージ外の内容を求められたり、一歩先の内容まで言われたりということもあるでしょう**。こうした難しい場面を、どのように対処できるかで、上司からの評価は大きく変わります。タイプ別に見てみましょう。

①理解できないことは手をつけず、何とか自分の理解できた内容でまとめる

②イメージ外にある内容にもアタックしてまとめる（従来の方式に捉われることなく、新たなものにも果敢にチャレンジして作成する）

③将来を見据え、より高い次元から検討してまとめる（視点が高く、2つ上の職務の立場から物事を捉え、中期的に目指す将来の態勢も考えて作成する）

④上司のイメージを確認せず自分のイメージでまとめる

の4タイプに分かれます。

あなたが上司なら、どう思いますか？

私の経験に照らし合わせると、

④の人は、頭が固いと評価され、使えないタイプといわれます。

①の人は、並みか並みの下、将来の伸びはあまりないと評価されるタイプです。

②の人は、使えそうな幹部のタイプです。

③の人は、部下にいて良かったというタイプです。

さらに、③の上をいくタイプもいます。**イメージ外の話を聞いてそれを取り込み、新たなものを加えてイメージを3倍にした業務をやり遂げる人です。**このような部下を持った上司は、本当に嬉しく、指導時に饒舌になります。

ところで、仕事の到達イメージが上司と一致していると、上司の指導内容がイメージ外のものであっても、「改善法のヒントをもらった」と嬉しくなってしまうものです。逆に到達イメージが合っていないと、「さらに大変なことまで上司に要求された」、「難しい宿題をたくさんもらった」というふうに後ろ向きの姿勢になりがちです。そして上司の狙いが理解しがたく、②→①→④と取り組み方が落ちていき、逃げてしまうのです。

到達イメージが上司と部下で合っているかどうかの差はとても大きいものがあります。常日頃から高い視点で問題意識を持ち、日々の業務の中で磨いていなければ、合わせるのは難しいでしょう。

Method 03

上司から見た伸びる部下のタイプ

――成長する若手は受け入れる容量が大きい

自衛隊の若手幹部を見ていて、この人物は伸びていくなと感じるのは、物事を受け入れる容量が大きいタイプです。そして、多くのことを学び、成長しようとします。普段から人の話に耳を傾け、いいところは何でも吸収してやろうという貪欲さ、実際に自分でやってみて身に付けようとするフットワークの軽さ、挑戦力があります。

私たちは、理解力の高さを、頭の良さと考えがちですが、実は受け入れる心の持ちように大きな影響を受けます。日々学ぶ姿勢というのは、多くのことを受け入れる姿勢でもあり、その積み重ねが心と懐のキャパシティを少しずつ増加させていくのです。

また、成長するタイプは、視野の広さと先を見通す視力の良さを持っています。

ミッションを確実に行うには、何をいつまでに行うか明確になっている業務予定表の作成が欠かせません。

情報をどこから入手すればいいのか、また、いつまでに行わなければならないのか。関連する部署はどこなのか。必要となる調整は何か。こうしたことをすばやく取りまとめ、正確に業務予定表に落とし込めるかどうかで、取り掛かりのスピードと、完成時のクオリティが格段に変わってきます。

また、完了時のアウトプットのイメージを具体的に作り上げることが大事です。具体的であればあるほど、関係するメンバーとの仕事の分担や調整が明確になり、チームワークが発揮しやすくなります。

ところで、暗さがある人は、どんなに優秀でも、なかなか人が集まりません。また、無理に作った明るさは、一緒にいるだけで疲れます。45歳を過ぎると実力はあって当たり前で、徐々に人柄の重要性が増します。若い時から、人柄を磨く努力をしている人ほど、あとから伸びていきます。

Method

04

成長する部下や若手の共通点

――判断基準を明確にし、正しい座標軸を持つ

ぶれたり、不安定な状態になったり、迷ったりするのは、考え方と行動を律する「判断基準」が不明確だからです。反対に、明確な「判断基準」を持っていれば、考え方と行動が定まります。

「判断基準」には、業務量の多い少ないやチャレンジの難しさは関係ありません。

例えば「あるトレーニングで部隊が強くなるのか」を判定する場合、業務量が多くても、難しいチャレンジでも、部隊を強くすることができる方を選択肢として選びます。強くしようとは考えているが、難しいチャレンジだから躊躇するという判断はなくなります。

また、判断基準があると、判断がシンプルになり、スピーディーになります。そして、その判断基準は、自分を律し、目標へ進むことが苦しくなった時の心の拠りどころにもなります。

これは、チームで動く場合にも適用できます。共有する判断基準を持てば、チーム全体の意思決定と行動を律するものにもなります。また、リーダーが判断基準を示すことによって、部下もリーダーと同じように考えて行動することが容易になります。

物事を判断する時、その人が持っている座標軸がとても重要となります。

「ラクして終わらせればいい」ということを座標軸として仕事に向き合う人と、「少しでもより良い結果にしたい」という座標軸で仕事に取り組む人とでは、結果として雲泥の差が生じます。「商品をより良くしたい」、「ユーザーに喜んでもらいたい」、「地域を豊かにしたい」など、プラス志向の座標軸は、視界が広く、視点が高いところにあるので、全般を良く見渡すことができます。結果的に、高いモチベーションを維持することができ、難しい限界を打ち破り、仕事や人間の幅を大きくすることができます。

Method

05

二面性を持つ人は信頼されない

――「誠実」とは、自分の言葉に現実を合わせること

自衛隊において、誠実さは信頼の基礎となります。約束を守ること、相手の期待に応えることが誠実な態度となります。誠実であるためには、表裏のない統一された人格が必要です。心に二面性を持っていると信頼関係が成り立たないからです。

例えば、誰にでも同僚や上司の悪口を言う人物と快く付き合えるでしょうか。

また、誰かの秘密を「ここだけの話」などといって、漏らすような人物がいたとしたら、そういう人物を信頼し、重要な仕事の内容を明かせるでしょうか。

その場にいない人の悪口を言ったり、秘密を漏らしたりすると、一時的に効果が得られることがありますが、その引き換えに、信頼関係が傷つき、継続するはずだった人間関係が壊れて

しまうことも多々あります。

「正直」とは、真実を語ることであり、現実と自分の言葉を合わせることです。「誠実」とは、自分の言葉に現実を合わせることでもあります。

誠実な人間になる大切なポイントは、その場にいない人への態度をいかに誠実にするかということが重要になります。なぜならば、その場にいない人を擁護し、守ろうとする態度を見た周りの人たちはその人物を信頼するからです。

Method
06
イメージを共有する
――任せれば、自分自身の能力以上の成果を得られる

指揮官がいくら優秀であっても、自身の業務量の限界以上はできません。

その限界を簡単に超えることができる方法が、『人に頼む、任せる』です。その方法は、2つに区分されます。

ひとつは、「命令・指示」です。

「これをしろ、あれをしろ」、「これを手に入れろ、あれを持ってこい」、「終了したら点検のため、自分を呼びなさい」というやり方です。

仕事のやり方をひとつひとつ指定しながら管理します。しかし、任せた人間の行動にひとつひとつ目を光らせる方法では、一度に何人も管理することができないため、「命令・指示」で**達成できる成果には限界があります。このため「命令・指示」では、示したことの80%が達成**

できれば、「良し」とする傾向があります。

これに対して、もうひとつのやり方として、「イメージを共有」していくやり方があります。ミッションのエンドステートを共有し、達成するための手段は部下に任せる方法です。何を達成するのか、核はどこにあるのか、期待するイメージを明確に伝え、納得するまで話し合い、達成までの期限を設定して、任せるのです。

初めは時間がかかりますが、自由に考え行動することができるようになると、部下は主体的に、やりがいを持って仕事に取り組むことができます。

「イメージを共有」する方法は、部下はもちろん自分の成長も期待でき、さらに、100%をはるかに超える成果を得ることが可能になります。

Method

07

「情熱」はミッション成功に導く原動力

——やり抜く力は「情熱」から生まれる

物事を成し遂げるには、多くの試練を克服しなければなりません。そのために日々努力と改善を積み重ねながら、能力の向上に努める必要があります。また、前に立ちはだかる壁を乗り越えるには、「やってやろう」という強い意欲も必要です。その意欲の源となるのは「情熱」でしょう。

何かを成し遂げるのに一番必要なものは何でしょうか？「発想力」、「資金力」、「企画力」、「実行力」、「チームワーク」など、人それぞれに違う答えがあるでしょう。いずれも重要だと思いますが、私が一番重視するのは「情熱」です。情熱がなければ、先に出てきた「発想力」、「資金力」、「企画力」、「実行力」、「チームワーク」を持続することはできません。

私が「情熱」の重要性を深く理解できた場面を紹介します。それは、防衛省で予算を要求する仕事をしていた時の体験です。

上司から「予算業務でもっとも重要なことは何か」と質問を受けたことがあります。その時私は、理論的な説明ができること、信頼関係を作ることが重要であると答えました。「他にないかな」と、上司から再度答えを求められ、考えつくことを端から答えた記憶があります。

ネタが切れたところに、上司は、思いもよらない答えを話し始めたのです。「一番重要なものは情熱だよ」と言い、「豊かな発想や企画力、わかりやすい説明、高い費用対効果……など、どれも大事だが、多くの部署と調整し、熾烈な予算獲得競争を勝ち抜き、財務省が査定するまでしっかりやり切るには情熱がないとやり抜けないよ」と。続けて、「情熱があれば、困難な状態に陥った時でも、途中で諦めず、人の心を動かし、やり切ることができるからね」と言いました。いつもは理論派で通っている上司が、「情熱」という言葉を口にしたのには驚きました。

しかし、話を聞いているとその通りだと納得できました。

上司はお茶を一口飲んだ後、これが良いかどうかは別として……と前置きして、「毎朝、出勤の時に、予算を査定する担当者に『おはようございます』と挨拶をしているうちに、忙しくて話をする機会のなかったその担当者に話を聞いてもらえるようになり、予算が通ったことがある。これなどは情熱がつき動かした行動だよ」と話してくれました。

また、「本気を試すということもあるんだよ」と続けて話してくれました。

「差し迫った状態で予算を要求してきているのか、それとも、予算が付いたらラッキーくらいで予算要求をしているかを確認する時だ。1、2回の説明で上手くいかず、諦めてしまうのはその程度の重要性だということ。逆に上手く説明ができず、5回以上ダメ出ししたことがある。それでも説明に来る人間は、実現しなければならないという真の必要性があるからで、情熱のある信頼できる人間だと評価できる」と普段聞けないような話をしてもらいました。

このような上司との会話から、**「情熱」は心に本気の炎を付け、物事を動かすことができる根源であることを学んだのです。**

「情熱」のある人は、目的を成し遂げるための方法を考え抜き、達成するための努力を惜しみません。たとえ失敗して倒れ込んでしまったとしても、立ち上がる時に次のステップのために必要なことを掴み取って立ち上がり、必ずやり遂げようとするでしょう。

Method

08

自分に甘くないか

――自分自身の実力を受け入れ、甘さを乗り越える

自分に甘いタイプは、自分のことを実力以上にできる人間であると過大に評価してしまい、反対に相手を過小に評価する傾向があります。

そのせいか、このタイプは自信があり、プライドが高く、自分を誇ろうとすることに力を注いでしまうため、日々の地道な努力が不十分になります。この状態を続けていると、能力の向上を疎かにしているため、現状のまま足踏みすることになります。

また、自分はできるのに適正に評価されていないと、不満を持ちがちです。**自分自身の失敗や低評価を、周りの人や環境のせいにしてしまい、本来力を入れるべき能力の向上という大事なことが疎かになってしまいます。**

このような勘違いが続いてしまうと、上司や周りは自分を見る目がないのではないかと猜疑心が生まれていきます。さらにエスカレートして、もしかしたら皆に嫌われているのではないかと思い込み、少しでも上手くいかないとイライラするようになります。

また、できないことを周りに見せないようにするため、失敗を恐れ、動き出しが遅く、自信のない動きになってしまいがちです。ここまでくると仕事の信頼性も低下していき、仲間からも敬遠されるようになってしまいます。

こうした負のスパイラルから抜け出すには、まず、謙虚な心を持ち、自分の状態に気づくことです。ここが一番難しいところですが、自分の現在の実力を素直に受け入れるところから始めなければなりません。多くのことができないという自分を認めるところから、日々の努力の積み重ねが始まります。

気持ちの切り替えには、生活の見直しが有効です。

イライラして眠れない人は、ランニングやスポーツで身体を動かせば、しだいに心地よい疲れで眠くなるようになります。

また、自分なりに気力が上がるような生活パターンを作ります。出勤前のストレッチや呼吸法を試すのも手です。出勤時は、大きな声で挨拶して部屋へ入り、大きな声を持続できるようにする努力をしてみましょう。これを続けていれば、奥に引っ込んでしまった心を前に出して、負の雰囲気から明るい雰囲気を作るきっかけを掴むことができます。

気持ちが後ろ向きだと、すぐに「そんなことをしても、変わらない。無駄じゃないか」などと思ってしまいがちですが、**まずは「やってみる」から始めます。そして、「続けてみる」に進みます。最初は苦しいかもしれませんが、継続が習慣となる頃には、意識が変わり、それが自分の個性にもなっていくでしょう。**

Method

09

落ち込んだ状態からの脱出方法

――意欲は消耗したところからしか充填できない

自衛隊に限らず、社会に出ると多くの失敗を経験することになります。

上手くいかないことが続いて自信を失ってしまったり、仲間や取引先から嫌味を言われたり、妬まれたりということもあるかもしれません。どんなに優秀な人でも、大なり小なり、こうした悩みや苦しみはあるものですが、当事者ともなれば、なかなか気持ちを切り替えられないもの。「自分はできないヤツだ」、「皆に必要とされていないんだ」などと、自己暗示をかけてしまい、あたかもそれが真実のように思い込んでしまうこともあります。

こうなると視界が狭くなり、だんだん周りが見えなくなっていきます。

このような状態は、自分の姿を鏡に映し、鏡に映っている可哀そうな自分の姿を見て、また悲しさを増していくというようなことを繰り返している状態に似ています。

この負のスパイラルから抜け出し、元気ではつらつとした自分の姿を見るにはどうすればいいでしょうか。**簡単なのは、視点を変える方法です。自分の身体から抜け出し、上から自分の置かれた状態を見てみます。**俯瞰するような視点で見てみると、自分の姿と、周りの状態も確認することができます。これだけでも見える場所が大きく広がったことがわかります。

高いところから、周りの状況がわかってくると、気づくことが増えます。意外に小さなところでつまずき、はまり込んでいることがわかるものです。するとプラスの方向へ、心が少し開いていきます。**周りの状況と自分が置かれた立場の両方が見えてくるようになると、心の回復が進みます。**

次は、やろうとする意欲を回復・向上させる方法です。

趣味に打ち込んだり、美味しいものを食べたり、カラオケでストレスを発散……などと考えるかもしれませんが、いくら気分転換をしても、意欲は回復するものではありません。同様にお酒に頼るのもＮＧです。なぜならば、**やろうとする意欲は、それを消耗してしまったところからしか、再度充填することができないからです。**

仕事で意欲を失ってしまったとしたら仕事から、人間関係で意欲を失ったのならば人間関係から返してもらわなければなりません。**上手くいかなかったことが好転した時こそ意欲が戻ってきます**。そして、「倍返し」ではありませんが、大量に充填されるのです。

やるべきは、渦中に飛び込むこと。もがいて、もがいて、分水嶺まで頑張れば、きっと加速度的に上手くいくようになるでしょう。

おわりに

自分自身をコントロールし、危機に強くなる能力を高めるため、皆様へ、自衛官に必要な「OS」と「ハード」を作り上げる方法を紹介させて頂きました。

最後に、さらに高いバージョンの「特殊なOS」を保有する、特殊部隊のOSを紹介して、本書を締めくくりたいと思います。ここでお伝えしたいことは、皆様自身でいくらでもOSをバージョンアップすることができるということです。

一般の人はONとOFFを意識しながら生活をしています。しかし、戦闘下の厳しい環境に置かれる特殊部隊の兵士からは、ONとOFFの感覚差は、ほとんど感じられません。彼らにとっては、生活全般がトレーニングであり実施・実戦の場でもあるからです。

どういうことかというと、リラックスした状態でもOFFにすることなく、ONの状態を維持しているということです。それはONとOFFだけを切り替えるスイッチではなく、例えるなら、調光機能の付いたLED灯のように、全灯からOFFまでがシームレスに調節でき、その場に応じた対応ができる状態です。つまり、特殊部隊の兵士はOFFを使用せず、微灯までの範囲を使い分けているということです。

このようにONのままで、いつでも対応できるように、その場所での普段の状態（ベースライン）に調和しながら、静穏を保った状態で居続けます。

以前、先人からこのような話を聞いたことがあります。

「『狩られる動物は、捕らえられたら終わり、狩る動物は、捕らえることができなければまた終わり。そんな自然界の生き物は、その与えられた生態を変えることはできない。兵士も、行き着く先はそれと同じように、兵士という生態の生き物にならねばならない』と教わり、自然界の生き物のように常にどのような状態においてもONを保つようにトレーニングを受けた」という内容です。

常にONを続けるために、「OFFは警戒しない、何もしないという状態ではない」と考え方を変えるわけです。もちろん、休む・寝るはある意味ではOFFなのかもしれませんが、その休む・寝るという状態でも、安全をしっかり確保できる状態へとトレーニングするのです。どれほどの休みと内容であればストレスに対抗できるのか、どれほどの睡眠の質ならば身体を高い次元で維持できるのか、それらを常に意識し、実践することで、常にONが可能となります。

休むこと、寝ること、あるいは食べることであっても、それがトレーニングであり、そこに「意味と意義」を明確に持たせることにより、今までの気のゆるみが生じるだけのOFFの状態から、緩やかでも万全の備えがあるONへと変化させていきます。

これができるから、特殊部隊は強いのです。

最後まで読んで頂き感謝致します。本書が皆様の人生、生活、安全確保の一助となれば幸いです。

二見龍

二見 龍（ふたみ りゅう）

1957（昭和32）年東京生まれ。防衛大学校卒業。第8師団司令部3部長、第40普通科連隊長、中央即応集団司令部幕僚長、東部方面混成団長などを歴任し陸将補で退官。防災士として自治体、一般企業で危機管理を行う。著書に『自衛隊最強の部隊へ』シリーズ、『弾丸が変える現代の戦い方』、『自衛隊は市街戦を戦えるか』、『特殊部隊 vs. 精鋭部隊』などがある。

●企画　伊藤明弘（ファーイーストプレス）
●協力　㈱S&T OUTCOMES　㈲SOU
●ブックデザイン　横田和巳（光雅）
●イラスト　やまねあつし
●カバー写真　自衛官募集チャンネル
●校正　鷗来堂

自衛隊式（じえいたいしき）セルフコントロール

2021年3月23日　第1刷発行

著　　者　二見 龍（ふたみ りゅう）
発 行 者　出樋一親／髙橋明男
編集発行　株式会社講談社ビーシー
〒112-0013　東京都文京区音羽1-2-2
電話 03-3943-6559（書籍出版部）
発売発行　株式会社講談社
〒112-8001　東京都文京区音羽2-12-21
電話 03-5395-4415（販売）
電話 03-5395-3615（業務）
印 刷 所　豊国印刷株式会社
製 本 所　牧製本印刷株式会社

本書のコピー、スキャン、デジタル化等の無断複製は著作権法上での例外を除き、禁じられています。本書を代行業者等の第三者に依頼してスキャンやデジタル化することはたとえ個人や家庭内の利用でも著作権法違反です。落丁本、乱丁本は購入書店名を明記のうえ、講談社業務部宛にお送りください。送料は小社負担にてお取り替えいたします。なお、この本についてのお問い合わせは講談社ビーシーまでお願いいたします。定価はカバーに表示してあります。

ISBN978-4-06-522312-3 ⓒ Ryu Futami 2021 Printed in Japan